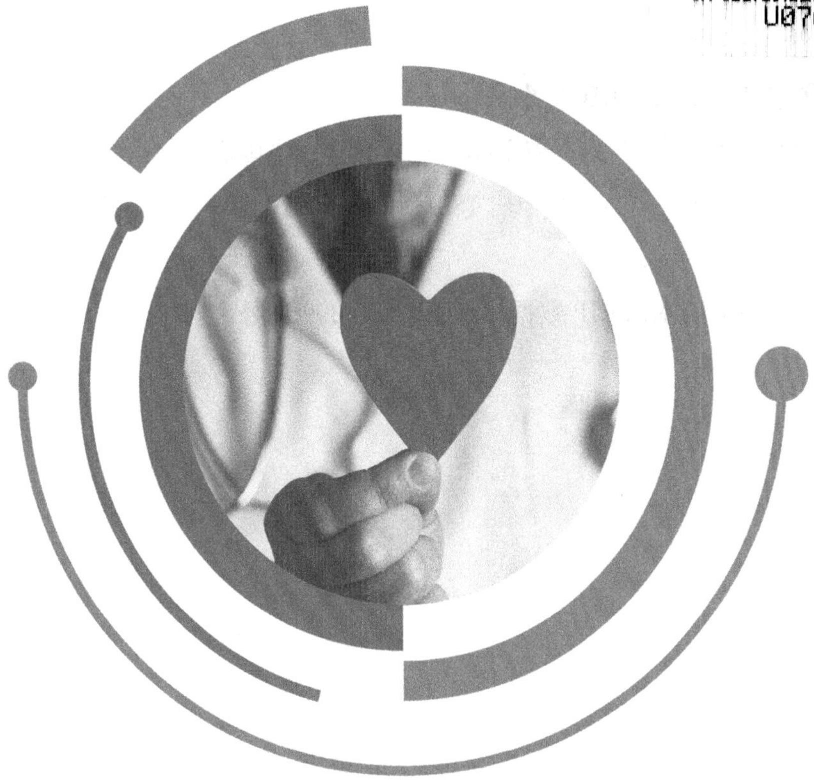

动物寄生虫病

◎ 张春霞　主编

中国农业科学技术出版社

图书在版编目（CIP）数据

动物寄生虫病 / 张春霞主编. -- 北京 : 中国农业科学技术出版社，2024. 9. -- ISBN 978-7-5116-7095-3

Ⅰ. S855.9

中国国家版本馆 CIP 数据核字第 2024FB9968 号

责任编辑 费运巧　任玉晶
责任校对 马广洋
责任印制 姜义伟　王思文

出 版 者 中国农业科学技术出版社
北京市中关村南大街 12 号　　邮编：100081
电　　话 （010）82106641（编辑室）（010）82106624（发行部）
（010）82109709（读者服务部）
网　　址 https://castp.caas.cn
经 销 者 各地新华书店
印 刷 者 中煤（北京）印务有限公司
开　　本 185 mm × 260 mm　1/16
印　　张 11.75
字　　数 276 千字
版　　次 2024 年 9 月第 1 版　2024 年 9 月第 1 次印刷
定　　价 38.00 元

编委会

主　审

蔡金山（青海省动物疫病预防控制中心）

主　编

张春霞（青海农牧科技职业学院）

副主编

贺海萍　（青海农牧科技职业学院）

参　编

白鹏霞（青海农牧科技职业学院）

杨启林（青海农牧科技职业学院）

陈　瑾（青海农牧科技职业学院）

董亚萍（青海农牧科技职业学院）

乔宇星（大通回族土族自治县农业综合行政执法局）

胡佩莹（青海农牧科技职业学院）

祁晓霞（门源回族自治县畜牧兽医站）

韩　梅（门源回族自治县畜牧兽医站）

马占花（祁连县野牛沟乡畜牧兽医站）

陈长江（湟源县畜牧兽医站）

李　凯（大通回族土族自治县农业农村局）

前言
PREFACE

本教材是青海农牧科技职业学院畜牧兽医专业群双高建设项目成果之一。在编写本教材的过程中，根据学生特点注重思想性、科学性和先进性，遵循教育、教学规律，着重培养学生的动手能力、思考能力和创造能力，力求实用性和适用性。借助学习强国平台，选取行业内先进的人物事迹设置课程思政专栏，帮助学生建立对行业岗位的认知，树立学生的岗位自豪感和使命感。

本教材按照动物医学专业八十学时的要求编写，主要受众为学生，受其知识结构及生源的影响，本教材着重介绍地区常见寄生虫病，并在内容上更注重实践性和可操作性。

本教材编写人员分工如下：张春霞负责撰写内容简介、前言、项目二、项目三及项目四的内容，并对全文进行宏观把控；贺海萍、白鹏霞负责项目一和项目五的内容；杨启林、陈瑾负责项目五的内容；董亚萍负责课程思政专栏的内容；祁晓霞、韩梅负责项目六的内容；马占花、胡佩莹负责项目一的内容；李凯、陈长江和乔宇星负责整个实验项目的选择和设置。本教材由蔡金山教授主审，他从编写、修改到定稿都提供了许多指导性的意见，在此表示诚挚的感谢。

由于编者水平和能力有限，本教材可能还存在不少缺点和不足，恳请读者批评和指正。

编　者

目录

CONTENTS

项目一

调查及诊断常见寄生虫病

项目导读

要进行寄生虫病的调查和诊断，首先必须要掌握寄生虫的形态及生活习性，在寄生虫流行病学的调查基础上，进行总结和分析，做出正确的判断，为寄生虫病的预防打下坚实的基础。因此，首先要了解什么是寄生虫，什么是宿主，以及如何进行寄生虫病流行病学调查。

知识目标

1. 明确寄生虫和宿主。
2. 掌握流行病学调查的方法及内容。
3. 能通过走访等方式了解寄生虫病的发生情况。
4. 了解常见寄生虫的形态、种类、分布、发生特点、防治状况等。

技能目标

1. 能根据寄生虫病的发病情况做出流行病学调查。
2. 掌握不同寄生虫病的调查方法。
3. 掌握不同寄生虫病的诊断方法。

素质目标

1. 树立安全意识，熟知疫病调查工作安全常识。
2. 主动承担工作任务及责任，尊重他人及他人意见，遵从集体决策，遵守各种行为规范和操作规范。
3. 树立严谨求实的科学态度。

思政目标

1. 懂农牧业、爱农牧民、爱农村牧区，做农牧人、干农牧事，增强投身“三农”的自豪感。
2. 尊重自然、爱护自然，践行人与自然和谐、绿色发展，成为具有生态理念、生态情怀和生态技能的生态文明建设者。

任务一 绘制寄生虫与宿主的关系图

任务导入

请根据以下案例，结合互联网资料查询，绘制寄生虫与宿主之间主要的关系图，并回答提出的问题。

案例：疟原虫与人类宿主之间的关系。疟原虫是一种单细胞寄生虫，它通过蚊子传播给人类，引起疟疾。在这个案例中，什么是寄生虫？什么是宿主？寄生虫是如何影响宿主的？为什么有的寄生虫会导致疾病，而有的则不会？

任务工单

班级＿＿＿＿＿＿ 姓名＿＿＿＿＿＿＿＿ 学号＿＿＿＿＿＿

任务名称	根据案例绘制寄生虫与宿主之间的关系图			
任务描述	任务内容： 按照教师所提供的案例，结合知识准备中的内容及网络资源，绘制出寄生虫与宿主之间主要的关系图。 任务目的： 1. 基本掌握寄生虫和宿主之间的相互影响有哪些； 2. 掌握常见的宿主和寄生虫的分类方法； 3. 掌握寄生虫对宿主的影响有哪些； 4. 掌握宿主对寄生虫的影响有哪些； 5. 掌握什么是寄生虫，什么是宿主。 任务流程： 1. 教师提供案例； 2. 学生查阅相关资料并进行分组讨论； 3. 学生绘制寄生虫与宿主之间主要的关系图； 4. 教师检查并进行分析。 任务方法： 1. 引入案例法； 2. 问题驱动法。			
获取信息	要完成任务，需要掌握相关的知识。请收集资料，回答以下问题。 1. 寄生虫的概念是什么？ 2. 宿主的概念是什么？ 3. 寄生虫与宿主的分类方法有哪些？			
制订计划				
任务实施	按照预先制订的工作计划，完成本任务，并记录任务实施过程。			
	序号	完成的任务	遇到的问题	解决办法

任务准备

知识准备

一、寄生虫

在自然界中，两种生物共同生活在一起的现象是比较常见的，它是在漫长的生物演化过程中形成的，我们将其称为共生生活。根据两种生物之间的利害关系，共生可分为偏利共生、互利共生和寄生。

两种生物在一起生活，其中一方受益，另一方既不受益也不受害，这种生活关系称为偏利共生，又称为共栖。如鲨鱼和吸附在其体表的鲫鱼，后者以鲨鱼的废弃物为食，对鲨鱼并不造成危害。又如在人口腔中生活的齿龈内阿米巴虫，吞食了口腔中的食物颗粒，但不侵入口腔组织，对人不会造成损害。

共生生活中的双方相互依赖，双方都获益而又互不损害，这种生活关系称为互利共生。如寄居在反刍动物瘤胃中的纤毛虫，帮助其分解植物纤维，自身的繁殖和死亡为瘤胃提供营养来源，有利于反刍动物的消化。而瘤胃则为纤毛虫提供了生存和繁殖需要的环境条件及营养。

共生生活的一方受益，而另一方受害，这种生活方式就称为寄生生活或寄生。在这种关系中，包括寄生物和宿主两个方面。得益的一方称为寄生虫，受害的一方称为宿主。寄生虫就是指暂时或永久性地在宿主体内或体表营寄生生活的动物。

（一）寄生虫的分类

（1）按照寄生虫的寄生部位分为：①外寄生虫，指暂时或永久地寄生在宿主体外、体表或与体表直接相通的腔、窦的寄生虫，如蜱、螨、绵羊虱蝇、羊鼻蝇蛆等；②内寄生虫，指寄生在宿主体内，包括体液和组织液等的寄生虫，如吸虫、线虫、绦虫等，内寄生虫中以寄生在消化道的寄生虫最多，当然，其他系统也都有寄生虫寄生。

（2）按照寄生虫寄生的时间分为：①永久性寄生虫，指终身不离开宿主，否则难以生存的寄生虫，如旋毛虫、螨等；②暂时性寄生虫，指只在采食时才与宿主短暂接触的寄生虫，如蚊子、蜱虫等。

（3）按照寄生虫发育过程中需要宿主的数量分为：①单宿主寄生虫，又称为土源性寄生虫，指发育过程中只需要一个宿主的寄生虫，如猪蛔虫，球虫等；②多宿主寄生虫，又称为生物源性寄生虫，指发育的过程中需要多个宿主的寄生虫，如吸虫、绦虫等。

（4）按照寄生虫寄生的宿主范围分为：①专一宿主寄生虫，指只寄生于一种特定宿主的寄生虫，对宿主有严格的选择性，如马的尖尾线虫只寄生于马属动物，人的体虱只感染人；②非专一宿主寄生虫，指能够寄生于多种宿主的寄生虫，它们没有特定的选择性，如肝片吸虫能够寄生于绵羊、山羊、牛和另外的许多反刍动物，也可以寄生于犬、猫等多种动物。多宿主寄生虫的存在是出现人兽共患寄生虫病的主要原因之一，也是最具有流动性的寄生虫，在流行病学调查方面有比较重要的意义。

（5）按照寄生虫对宿主的依赖性分为：①专性寄生虫，指在生活发育过程中每个阶段或某个阶段必须要营寄生生活的寄生虫，如吸虫、绦虫等；②兼性寄生虫，指在发育的过程中既可以营自由生活又可以营寄生生活的寄生虫，如类圆线虫。

二、宿主

凡是体内或体表有寄生虫寄生的动物就称为宿主。常见的宿主类型有以下8种。

1. 终末宿主

终末宿主指寄生虫成虫或有性生殖阶段所寄生的宿主。如猪带绦虫寄生在人的小肠中，人是猪带绦虫的终末宿主。

2. 中间宿主

中间宿主指寄生虫幼虫期或无性生殖阶段所寄生的宿主。如猪带绦虫在中绦期称为猪囊尾蚴，其寄生于猪体内，猪是猪带绦虫的中间宿主。

3. 补充宿主

补充宿主是指某些寄生虫在其幼虫发育过程中需要两个中间宿主，将第2个中间宿主称为补充宿主，有时又称为第2中间宿主。如双腔吸虫补充宿主是蚂蚁华支睾吸虫的补充宿主是淡水鱼和虾。

4. 贮藏宿主

贮藏宿主是指寄生虫在体内不发育，但仍然能保留活性和感染性，又称为转运宿主。如蚯蚓是猪蛔虫的贮藏宿主。

5. 保虫宿主

保虫宿主是指寄生虫除经常寄生的宿主外，同时也会偶尔寄生的其他宿主。如肝片吸虫易感染牛羊，偶尔感染人和大象。这种宿主在流行病学上有很重要的作用。

6. 带虫宿主

带虫宿主是指有些寄生虫感染宿主后，随着宿主抵抗力的增强或通过药物治疗，使宿主处于隐性感染状态，此时宿主体内仍保存有一定数量的虫体，但在临床上并不表现出病状，这种宿主称为带虫宿主，又称为带虫者，这种现象称为带虫现象。宿主对同种寄生虫的再感染具有一定的免疫力，但是机体抵抗力下降时可能会导致疾病复发，如牛的巴贝斯虫病。

7. 传播媒介

传播媒介通常是指在脊椎动物宿主之间传播寄生虫病的一类低等动物，常指传播血液寄生虫病的节肢动物，如蜱。

8. 超寄生宿主

超寄生宿主是指某些寄生虫可以成为其他寄生虫的宿主。如蚊子体内可寄生疟原虫，跳蚤体内可寄生绦虫幼虫。

三、寄生虫与宿主的相互影响

寄生虫侵入宿主体内后，经过一定时间的移行，到达其特定的寄生部位，然后才能发育成熟。

（一）寄生虫对宿主的影响

1. 夺取营养

寄生虫在宿主体内生长、发育、繁殖，所需要的营养物质都来源于宿主。吸虫、线虫摄取宿主的血液、体液、组织和食糜，经消化器官进行消化和吸收。绦虫可通过体表摄取营养物质，依靠体表上突出的绒毛吸取肠黏膜组织中的维生素 B_{12}、蛋白质、碳水化合物、脂肪、矿物质和微量元素，并储存于自己的体内，因而寄生虫夺取宿主营养物的方式是多渠道的。另外，寄生虫的代谢产物，及毒性分泌物，会使宿主的消化和吸收功能发生改变，从而使宿主产生营养障碍，引起宿主碳水化合物、脂肪和蛋白质代谢发生紊乱。消化道寄生虫常造成宿主消化机能障碍，如球虫可严重破坏宿主肠上皮细胞，并使其脱落，降低甚至令其丧失吸收功能。

2. 机械性损伤

（1）固着。寄生虫利用吸盘、小钩、小棘、唇、口囊等器官固着于宿主的器官组织上，造成其损伤，甚至引起出血和炎症。

（2）移行。寄生虫进入宿主后需要经过一定的移行路线才能到达定居部位，在其移行的过程中，破坏了所经过器官或组织的完整性，对其造成了损伤，形成了许多虫道。如猪蛔虫的幼虫移行过程中经过肺脏，造成蛔虫性肺炎；肝片形吸虫囊蚴侵入牛羊消化道后，脱囊的幼虫经门静脉或穿过肠壁从肝表面进入肝，再穿过肝实质到达肝胆管，引起肝实质的损伤和出血。

（3）压迫。某些寄生虫体积较大，压迫宿主的器官，造成组织萎缩和功能障碍。如寄生于动物和人的棘球蚴可达5~10 cm，它们会压迫肝和肺，引起肝脏和肺脏压迫性萎缩，导致功能障碍。某些寄生虫虽然体积不大，但由于寄生在宿主的重要生命器官，也会压迫这些器官从而引起严重疾病，如寄生于动物和人脑的多头蚴和猪囊尾蚴等。

（4）阻塞。寄生于消化道、呼吸道、实质器官的寄生虫，常因大量寄生而引起管腔阻塞，如猪蛔虫和某些反刍动物的绦虫引起的肠阻塞、肠破裂和胆道阻塞等。

（5）破坏。在宿主组织细胞内寄生的原虫，在繁殖过程中大量破坏宿主的组织细胞，引起严重疾病。如梨形虫病破坏红细胞造成动物贫血、黄疸和血红蛋白尿。

3. 带入病原体引起继发感染

一些寄生虫侵入宿主时，往往与其他病原微生物和寄生虫的感染有密切关系，主要表现方式有以下3种。

（1）接种病原。某些昆虫叮咬动物时，将病原微生物注入其体内，这亦是昆虫的传播媒介作用。如某些蚊子传播人和猪的日本乙型脑炎。

（2）携带病原。某些寄生虫侵入宿主时，可以把细菌、病毒、寄生虫等其他病原体一同携带进宿主体内。如猪毛尾线虫携带副伤寒杆菌，诺维氏梭菌由肝片吸虫带入绵羊而引起羊黑疫。

（3）协同作用性。宿主混合感染多种寄生虫使得致病作用增强，或使机体抵抗能力下降，激活宿主体内处于潜伏状态的病原微生物和条件性致病菌。如仔猪感染食道口线虫病后，可激活副伤寒杆菌；还可为病原微生物的侵入打开门户，如犬感染蛔虫、钩虫和绦虫时，比健康犬更易患犬细小病或犬瘟热。

4. 毒素作用和免疫损伤

寄生虫的代谢产物、分泌物及虫体崩解后的物质对宿主是有害的，会引起宿主局部或全身性的免疫病理反应，导致宿主组织机能损伤。如蜱吸血时分泌的溶血物质和乙酰胆碱类物质，使宿主血凝缓慢，血液流出量增多；寄生虫的代谢产物和死亡虫体的分解产物具有抗原性，会使宿主致敏，引起局部或全身变态反应。

（二）宿主对寄生虫的影响

1. 局部组织的抗损伤反应

寄生虫侵入宿主机体后，刺激宿主组织，机体表现出炎性充血和免疫活性细胞浸润，机体的网状内皮系统细胞和白细胞对虫体寄生的局部进行吞噬、溶解、形成包囊和结节将虫体包围起来。

2. 遗传因素的作用

一些动物表现出对某些寄生虫先天的不感受性，如马属动物不易感染细颈囊尾蚴。

3. 机体的屏障机能作用

宿主机体的皮肤、黏膜、血脑及胎盘等可有效地阻止某些寄生虫的侵入。

4. 年龄因素

不同年龄的个体对寄生虫的抗感染能力不一样，这是一种生理性的非特异性免疫。

5. 获得性免疫

寄生虫侵入机体后，引起动物细胞的免疫系统活化，产生相应的抗体和免疫细胞，将寄生虫抑制甚至杀死，使感染处于低水平状态，此期间宿主不表现症状。

（三）寄生虫与宿主相互作用的结果

寄生虫与宿主相互作用的结果，一般可归纳为3类。

（1）完全清除。宿主清除了体内的寄生虫，临床症状消失，并可防御再感染。这种现象较为少见。

（2）带虫免疫。宿主自身或经过治疗后清除了大部分寄生虫，感染处在低水平状态，宿主不表现出明显的临床症状，此时呈现带虫状态。这种现象较为普遍。

（3）机体发病。宿主不能控制寄生虫的生长或繁殖，当其数量或致病性达到一定强度时，表现出临床病状和病理变化，导致寄生虫病的发生。

四、寄生虫的生活史

寄生虫的生活史是指寄生虫完成一代生长、发育和繁殖的全过程，又称为发育史。寄生虫的种类很多，生活史形式多样，根据寄生虫在发育过程中是否需要中间宿主大体可分为以下2种类型。

直接发育型，寄生虫完成生活史不需要中间宿主，虫卵或幼虫在外界环境中发育到感染期后直接感染动物或人，这类寄生虫又称为土源性寄生虫。如猪蛔虫、牛羊消化道线虫等。

间接发育型，寄生虫完成生活史需要中间宿主，幼虫在中间宿主体内发育到感染期后感染动物或人，这类寄生虫又称为生物源性寄生虫。如旋毛虫、细粒棘球绦虫等。

寄生虫完成生活史必须具备以下条件。

（1）寄生虫必须有适宜的宿主，适宜的宿主或特异性的宿主是寄生虫建立感染的前提。

（2）虫体需发育到感染性阶段（或称侵袭性阶段），才有感染宿主的能力。

（3）寄生虫要有与宿主接触的机会。

（4）每种寄生虫需有特定的、不同的感染途径。

（5）寄生虫进入宿主体内后需经特定的移行路线到达寄生部位才能建立感染。

（6）寄生虫必须有抵御宿主的抵抗力。

如猪蛔虫感染必须有猪的存在，虫卵必须在外界适宜的温度和湿度下，发育到感染性虫卵阶段；猪必须通过粪便、土壤或贮藏宿主接触到这些感染性虫卵；感染性虫卵经口进入猪体内；卵内幼虫释出后，通过血液循环，经肝、心、肺，再移行到咽，被吞咽后进入小肠，发育成成虫，最终完成其生活史。

五、宿主对寄生生活产生影响的因素

宿主对寄生虫所产生的抵抗，均会使寄生虫的生活史受到影响，其影响力主要取决于以下因素。

（1）遗传因素。某些动物对某些寄生虫具有先天不感受性，如马不感染多头蚴。

（2）年龄因素。不同年龄的个体对寄生虫的易感性有差异。一般来说，幼年动物对寄生虫易感，这与其免疫功能较低、对外界环境抵抗力弱有密切关系。

（3）机体组织屏障。宿主机体的皮肤、黏膜、血脑屏障及胚盘等，可阻止或抵御某些寄生虫的侵入。

（4）宿主体质。宿主优良的体质可有效地抵抗寄生虫的感染，主要取决于宿主的营养状态、饲养管理条件等因素。这是动物和人抵御寄生虫最重要的因素。

寄生虫在自然界中的分类法和命名法

（5）宿主免疫作用。寄生虫的侵入、移行和寄生，使宿主机体发生局部组织抗损伤作用，导致组织增生和钙化；同时还可刺激宿主机体网状内皮系统发生全身性免疫反应，抑制虫体的生长、发育和繁殖。

材料与工具准备

寄生虫病调查单、笔记本、笔等。

工具准备

显微镜、多媒体投影仪、培养皿、尺子、放大镜。

任务实施

步骤一：教师提供案例。

步骤二：学生查阅相关资料并进行分组讨论。

步骤三：学生绘制寄生虫与宿主的主要关系图。

步骤四：教师检查并进行分析。

步骤五：任务总结。

任务检测

任务二 流行病学调查和分析

任务导入

青海省每年都在春天和秋天进行春秋防疫，假设你现在正在进行春秋防疫，请根据当地情况进行常见寄生虫病的流行病学调查。

任务工单

班级__________　姓名__________　学号__________

<table>
<tr><td>任务名称</td><td colspan="4">流行病学调查和分析</td></tr>
<tr><td>任务描述</td><td colspan="4">任务内容：完成青海省西宁市湟源县2024年度秋季动物防疫流行病学调查。
任务目的：其目的在于揭示动物疫病在动物群中发生的特征，阐明其流行的原因和规律，以做出正确的流行病学判断，迅速采取有效的措施，控制动物疫病的流行。
任务流程：根据实际情况选用最合适的调查方法，得出相应的信息，并根据信息进行分析。
任务方法：
1. 询问调查；
2. 现场察看；
3. 实验室检查；
4. 统计学方法。</td></tr>
<tr><td>获取信息</td><td colspan="4">要完成任务，需要掌握相关的知识。请收集资料，回答以下问题。
1. 寄生虫病流行病学调查的目的和意义有哪些？
2. 流行病学调查的种类和方法有哪些？
3. 在流行病学分析中常用的频率指标有哪些，通常如何进行计算？
4. 怎么进行当地某种疫病的分析？</td></tr>
<tr><td>制订计划</td><td colspan="4"></td></tr>
<tr><td rowspan="4">任务实施</td><td colspan="4">按照预先制订的工作计划，完成本任务，并记录任务实施过程。</td></tr>
<tr><td>序号</td><td>完成的任务</td><td>遇到的问题</td><td>解决的办法</td></tr>
<tr><td></td><td></td><td></td><td></td></tr>
<tr><td></td><td></td><td></td><td></td></tr>
</table>

任务准备

知识准备

一、流行病学调查种类

流行病学调查的种类，根据调查对象和目的的不同，一般可以分为个例调查、暴发调查、观察调查（也称流行情况调查或现况调查）、回顾性调查和前瞻性调查。其中个例调查与现况调查是发生疫情时最基本和最常用的调查方式。

二、方法

动物疫病主要包括动物寄生虫病和动物传染病，流行病学调查的主要方法包括以下4种。

1. 询问调查

询问调查是流行病学调查的一种最简单而又基本的方法。必要时可组织座谈，调查对象主要是畜主、兽医工作者、当地有关人员等。调查结果按统一的规定和要求记录在调查表上。询问时要耐心细致，态度亲切，边提问边分析，但不要按主观意图作暗示性提问，力求调查的结果客观真实。

2. 现场察看

现场查看就是对病畜周围进行调查。调查者应仔细察看疫区的卫生、地理地形和气候条件等特点，以便进一步了解流行病发生的经过和关键问题所在。在进行现场察看时，可以根据疾病种类的不同有侧重点地调查。如发生肠道动物传染病时，应特别注意饲料的来源和质量，水源和卫生条件，粪便和尸体的处理情况；发生由节肢动物传播的动物传染病时，应注意调查当地节肢动物种类、分布、生态习性和感染等情况。

3. 实验室检查

为了准确诊断、发现隐性传染源、证实传播途径、摸清动物群免疫状态和有关病因等，通常需要对可疑患病动物应用微生物学、血清学、变态反应、尸体剖检等各种诊断方法进行检查；对有污染嫌疑的各种因素（水、饲料、土壤、动物产品、节肢动物或野生动物等）进行微生物学和理化检查，以确定可能的传播媒介或传染源；有条件的地区，可对疫区动物群进行免疫水平测定。

4. 统计学方法

在调查中涉及许多有关疫情数量的资料，需要找出其特点，进行分析比较，因此要应用统计学方法。在流行病学分析中常用的频率指标有下列几种。

（1）发病率。发病率表示在一定时期内畜群中某种疾病的新病例发生的频率。发病率能较完全地反映出疫病的流行情况，但不能说明整个流行过程，因为常有许多动物感染后并不表现出任何临床症状，呈隐性感染，但它们却是传染源。

$$发病率=\frac{某一时期内某种疾病新病例数}{同一时期内该畜群动物平均数}\times100\%$$

（2）感染率。感染率指用临床诊断法和微生物学、血清学、变态反应学等各种检验方法，检查出来的所有感染的动物总数（包括隐性感染）占被检查动物总数的百分比。

$$感染率=\frac{感染某传染病的动物数}{被检查的动物总数}\times100\%$$

（3）患病率。患病率表示在某一指定时间段畜群中存在某种疾病的病例数（包括该时间段内新老病例，但不包括此时间前死亡或痊愈者）占畜群的比率。

$$患病率=\frac{某一指定时间段畜群中存在的病例数}{同一指定时间段该群动物的总数}\times100\%$$

（4）死亡率。死亡率指因某种疾病死亡的动物数占该群动物总数的百分比。死亡率能表示动物在畜群中因该病造成死亡的频率，但不能说明传染病发展的特性。仅在死亡率高的急性传染病中才能反应出流行状态，但对发病率高而死亡率低的传染病，则不能表现出其特征。

$$死亡率=\frac{在一定时期内因某种疾病死亡的动物数}{同时期该群动物的总数}\times100\%$$

（5）病死率。病死率又称致死率，指因某病死亡的动物数占该群患病动物总数的百分比。病死率能表示某病在临床上的严重程度，它能比死亡率更为精确地反映出传染病的流行特点。

$$病死率=\frac{某时期内因某种疾病死亡的动物数}{同时期患病动物总数}\times100\%$$

三、动物疫病流行病学分析

流行病学分析是在调查所得资料的基础上，找出动物疫病流行过程的本质和有关因素。进行流行病学分析时应认真对资料去粗取精、去伪存真、由此及彼、由表及里，系统整理，综合分析，得出流行过程的客观规律，由感性认识上升到理性认识，为制订有效的防治措施提供科学依据，最终为实践服务。实践工作中调查与分析是相互渗透、紧密联系的，流行病学调查为流行病学分析积累材料，而流行病学分析从调查材料中找出规律，同时又为下一次调查提出新的任务，如此循序渐进，指导防疫实践不断完善。

材料与工具准备

流行病学调查单、笔记本、笔等。

工具准备

显微镜、多媒体投影仪、培养皿、尺子、放大镜。

任务实施

根据提供信息，进行某地区的动物寄生虫病的流行病学调查。

步骤一：

步骤二：

步骤三：

步骤四：

任务检测

任务三 动物寄生虫病的诊断

任务导入

现有一只羊发病，初步怀疑为寄生虫感染引起的，农户带羊到动物医院就诊，请根据所学相关知识进行诊断。

任务工单

班级______ 姓名______ 学号______

<table>
<tr><td>任务名称</td><td colspan="4">动物寄生虫病的诊断</td></tr>
<tr><td>任务描述</td><td colspan="4">任务内容：
按照正常的寄生虫病诊断流程，进行诊断。
任务目的：
通过诊断得出结论，从而为该病的治疗和预防打下基础。
任务流程：
流行病学调查→临诊诊断→实验室诊断→药物诊断（根据实际情况分析有无必要性）→分子生物学诊断（根据实际情况分析有无必要性）。
任务方法：
要求学生必须掌握的是实验室诊断，实验室诊断的主要方法有病原学诊断和免疫学诊断。</td></tr>
<tr><td>获取信息</td><td colspan="4">要完成任务，需要掌握相关的知识。请收集资料，回答以下问题。
1. 寄生虫病进行诊断的原则是什么?
2. 寄生虫病进行诊断的方法有哪些?
3. 实验室病原体进行检查的常见方法有哪些?</td></tr>
<tr><td>制订计划</td><td colspan="4"></td></tr>
<tr><td rowspan="6">任务实施</td><td colspan="4">按照预先制订的工作计划，完成本任务，并记录任务实施过程。</td></tr>
<tr><td>序号</td><td>完成的任务</td><td>遇到的问题</td><td>解决的办法</td></tr>
<tr><td></td><td></td><td></td><td></td></tr>
<tr><td></td><td></td><td></td><td></td></tr>
<tr><td></td><td></td><td></td><td></td></tr>
<tr><td></td><td></td><td></td><td></td></tr>
</table>

任务准备

知|识|准|备

要做出正确的寄生虫病的诊断，必须在流行病学调查及临床诊断的基础上，以检出虫卵、幼虫或成虫等寄生虫的病原体为基本原则。不能只依靠临床症状和流行病学调查得出结论，因为大多数寄生虫病为慢性疾病，症状不明显或只是表现为消瘦、贫血、水肿等。

一、流行病学调查

流行病学调查可为寄生虫病的诊断提供重要依据。调查时主要从基本概况、被检动物群体的情况、动物发病的背景资料、动物发病的现状、中间宿主和传播媒介及人兽共患病等方面入手。基本概况主要包括当地的地理环境、地形地貌、降水量、季节、野生动物分布情况等；被检动物群体的情况主要包括被检动物的数量、品种、性别、年龄组成、生产性能和饲养管理；动物发病情况主要为近两年的动物发病情况，包括发病率、病死率、发病与死亡原因，采取的措施及效果，平时的预防措施等；动物发病现状指动物发病时间、死亡时间、转归和已采取的防治措施及效果等。

二、临诊检查诊断

观察临床症状是动物生前诊断最直接、最有效的方法之一。临诊检查主要是检查动物的营养状况、临诊表现和疾病的危害程度。通过临床症状的检查，典型病状的疾病基本可以得到确诊，如球虫病、某些梨形虫病、螨病、多头蚴病等；对于某些外寄生虫病可发现病原体从而做出诊断，如虱、螨病等；对于非典型症状疾病，一般是慢性感染的病症，可以通过进一步的诊断方法进行确诊。

临诊诊断方法与其他动物诊断方法相同，以群体为单位进行大批动物的逐头检查，动物数量较多时，抽取其中5%~10%的动物进行检查。检查中发现可疑病症状或怀疑为某种寄生虫病时，可随时采取相关病料进行实验室检查。

三、实验室病原体检查诊断

实验室病原体检查诊断是动物寄生虫病诊断中可靠而又不可少的手段，可为确诊提供重要的依据。一般建立在流行病学调查和临诊检查的基础上，主要包括病原学诊断、免疫学诊断。

（一）病原学诊断

根据寄生虫生活史的特点，从动物的血液、尿液、分泌物等物质中提取样本进行检查，只要发现寄生虫的病原，包括幼虫、成虫、虫卵、包囊等，就可以进行确诊。这是最可靠的诊断方法，广泛应用于各种寄生虫病的诊断。有时病原学诊断方法检出率较低，对轻度感染常需反复检查才能进行确诊；对于在组织中或器官内寄生而不易取得材料的寄生虫（如异位寄生），其检出效果不理想，则须应用免疫学诊断方法。

实验动物接种，多用于常规实验室检查法不易检出病原体的某些原虫病。用采自患病动物的病料，对易感实验动物进行人工接种，待寄生虫在其体内大量繁殖后，再对其进行病原体检查，如伊氏锥虫病和弓形虫病等。

（二）免疫学诊断

免疫学诊断是利用寄生虫所产生的抗原与宿主产生的抗体之间的特异性反应，或其他免疫反应而进行的诊断。是诊断寄生虫病的辅助方法。主要免疫学试验和技术有：皮内变态反应（用于诊断反刍兽的棘球蚴、多头蚴、肝片吸虫），单克隆抗体技术，DNA探针技术和基因扩增技术等。

四、寄生虫病剖检诊断

寄生虫病剖检是诊断寄生虫病可靠而常用的方法，在剖检时会对各个系统、器官、组织仔细检查，以便找到所有的寄生虫。寄生虫病的剖检可用于自然死亡的动物、急宰的患病动物、屠宰的动物。它在病理解剖的基础上进行，在剖检过程中，一定要结合临床症状，组织器官的病理变化，虫体的种类、致病作用和虫体数量等因素，分析致病原因及主要寄生虫。

寄生虫病剖检除用于诊断寄生虫外，还用于寄生虫的区系调查和动物驱虫效果评定。一般多采用全身各器官组织的全面系统检查，有时也会根据需要，检查一个或若干个器官。

五、药物诊断

药物诊断是对疑似寄生虫感染的患病动物，用该寄生虫病的特效驱虫药物进行驱虫或治疗的诊断方法。该方法适用于生前不能用实验室诊断方法进行诊断，或是没有条件进行实验室诊断的寄生虫病。具体可细分为驱虫诊断和治疗诊断。驱虫诊断是用特效驱虫药对疑似患病动物进行驱虫，收集驱虫后3 d以内排出的粪便，检查粪便中病原体的种类及数量，以达到确诊的目的。适用于某些胃肠道寄生虫病，如绦虫病、线虫病等的诊断。治疗诊断是用特效驱虫药对疑似感染的动物进行治疗，根据治疗效果来进行诊断。治疗效果以死亡得以避免、病状缓解、全身状态好转以及痊愈等表现评定。多用于原虫、螨病及组织器官内蠕虫病的诊断。

六、分子生物学诊断

主要通过寄生虫的基因分型，生物学特性研究等进行追踪诊断。常用的有DNA探针技术和PCR（聚合酶链式反应）。

材料准备

患病动物，动物寄生虫病实验室。

工具准备

显微镜、采样袋、载玻片、盖玻片、工作服等寄生虫实训室常用器械及工具。

人员准备

任务角色	任务内容
组长：	任务：
组员 1：	任务：
组员 2：	任务：

任务实施

步骤一：流行病学调查。

步骤二：临诊诊断。

步骤三：实验室诊断。

步骤四：药物诊断（根据实际情况分析有无必要性）。

步骤五：分子生物学诊断（根据实际情况分析有无必要性）。

步骤六：任务总结。

任务检测

课程思政专栏

中国寄生虫学开拓者洪氏间的入党志愿书

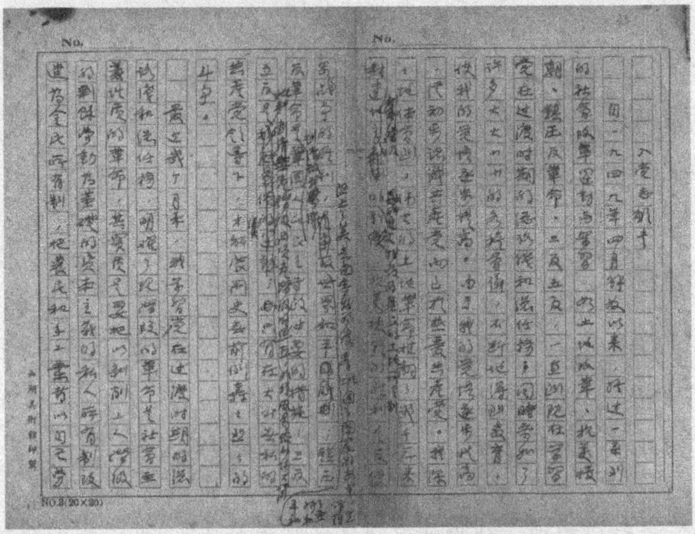

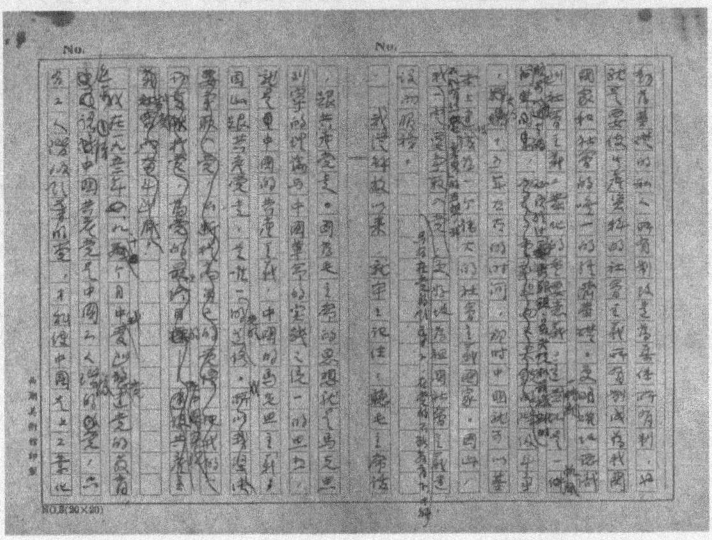

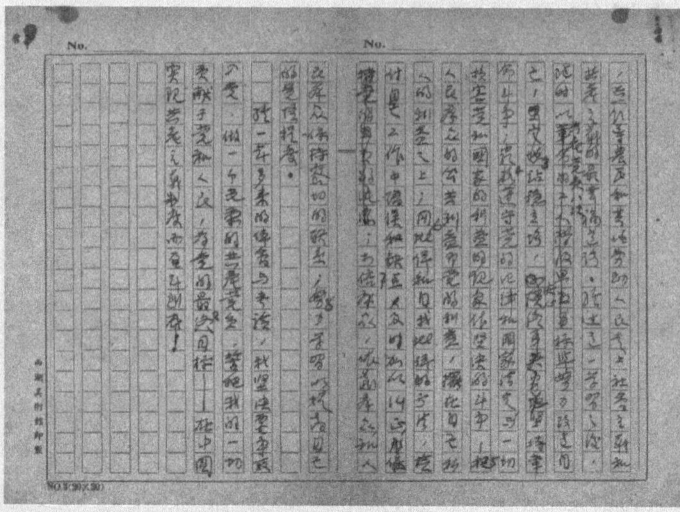

这是著名科学家、中国寄生虫学开拓者洪式闾先生于1954年递交的入党志愿书，泛黄的纸张记录了他的心路历程，字里行间昭示着他爱国爱党的赤子之心。洪式闾（1894—1955），我国人体寄生虫学学科奠基人和寄生虫病研究机构创始者，毕生致力于医学教育和医学科研事业。他发明了“基础膜染色法”“洪氏钩虫卵测量法”，发现了两种新的寄生性线虫，在寄生虫学领域作出了卓越的贡献。在他去世前8个月，60岁的洪式闾如愿以偿，成为一名中国共产党党员。“不唯为民众谋幸福，抑且为国家争体面。”洪式闾毕生的追求就是成为人民的科学工作者，他的心中始终饱含对党和人民的深情。1955年4月中旬，洪式闾出席肺吸虫病治疗研究学术座谈会，他在报告的结束语中说道：“我们应该向党保证，向毛主席保证，向全国人民保证，社会主义是一定能够战胜寄生虫病的”。这也是他作为寄生虫病学家的最后一次演讲。

资料来源：学习强国平台

项目二

识别吸虫及常见吸虫病

项目导读

掌握了吸虫的形态特征，才能正确区别吸虫及其他常见的相似蠕虫，从而准确诊断由此引起的寄生虫病。只有准确识别了常见的寄生虫病，才能进行针对性地治疗和预防，更好地指导畜牧业生产。

知识目标

1. 熟悉常见吸虫的中间宿主及补充宿主。
2. 掌握常见吸虫的一般形态结构、生活史和分类。
3. 掌握常见吸虫虫卵特征。
4. 掌握常见吸虫病的分布及发生特点。

技能目标

1. 能进行不同吸虫虫卵形态结构的鉴别。
2. 能进行常见吸虫病的诊断并根据诊断结果提供相应的防治措施。
3. 能独立完成实验室吸虫病粪学检查。

素质目标

1. 通过观察吸虫不同种属间的细微区别，形成严谨的工作和学习习惯。
2. 通过前期学习，制定相应的防治措施，增强主动学习能力。

思政目标

1. 增强爱国情怀和社会责任感，树立爱护动物健康、保护生态环境的意识，关注动物寄生虫病对人畜福祉和环境的影响。

2. 增强社会责任感，积极参与相关公共卫生工作，为保障农牧业生产和人民健康作出贡献。

3. 形成科学思维和增强探索精神，通过学习动物寄生虫病的前沿研究进展，推动该领域的科学发展；提高解决问题的创新能力，开展病原性及传播途径的研究，探索新的防治策略和技术方法。

任务一

吸虫的基本形态观察——以片形吸虫为例

任务导入

教师提供实验室常见的片形吸虫成虫、幼虫、虫卵及中间宿主的各种浸渍标本和切片标本，要求学生进行形态结构观察并总结。

任务工单

班级____________ 姓名____________ 学号____________

<table>
<tr><td>任务名称</td><td colspan="4">吸虫的基本形态观察</td></tr>
<tr><td>任务描述</td><td colspan="4">任务内容：按照教师所提供的各类不同的素材进行观察，根据观察结果进行总结。
任务目的：通过观察，掌握片形吸虫不同发育阶段的形态特征及中间宿主的形态特征，并能够识别典型特征。
任务流程：
1. 浸渍标本，吸虫及中间宿主的外部形态观察；
2. 切片标本，吸虫各个发育阶段及中间宿主外部形态观察和内部结构特征观察。
任务方法：
1. 外部形态观察；
2. 内部形态构造观察。</td></tr>
<tr><td>获取信息</td><td colspan="4">要完成任务，需要掌握相关的知识。请收集资料，回答以下问题。
1. 片形吸虫成虫的共同特点有哪些？
2. 常见的片形吸虫的生活史有哪些？
3. 常见片形吸虫的中间宿主有哪些？</td></tr>
<tr><td>制订计划</td><td colspan="4"></td></tr>
<tr><td rowspan="5">任务实施</td><td colspan="4">按照预先制订的工作计划，完成本任务，并记录任务实施过程。</td></tr>
<tr><td>序号</td><td>完成的任务</td><td>遇到的问题</td><td>解决的办法</td></tr>
<tr><td></td><td></td><td></td><td></td></tr>
<tr><td></td><td></td><td></td><td></td></tr>
<tr><td></td><td></td><td></td><td></td></tr>
</table>

任务准备

知识准备

一、吸虫的形态和生理

（一）外部形态

虫体（图2-1）多呈背腹扁平的叶状，少数为线状或圆柱状。大小不一，长度范围为0.3~21.0 mm。体表光滑或有小刺、小棘等。虫体前端，围绕口孔处有一口吸盘；腹面有腹吸盘，有的位于虫体后端，称为后吸盘，个别虫体只有一个吸盘。

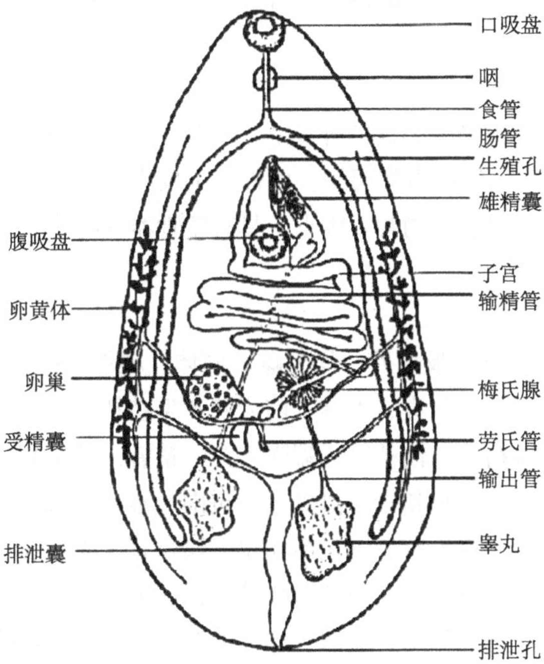

图2-1　吸虫模式构造
（张宏伟 等，2012）

（二）体壁

吸虫无表皮，体壁由皮层和肌层构成皮肌囊。无体腔，皮肤肌肉囊内包裹着内部柔软的组织，内脏器官都埋在柔软组织中。皮层从外向内包括3层：外质膜、基质和基质膜。外质膜的外面被有颗粒层外衣，主要成分为酸性黏多糖或糖蛋白，有抗宿主消化酶和保护虫体的作用。基质内含有线粒体、分泌小体和感觉器。皮层可以进行氧气和二氧化碳的交换，并具有吸收、分泌与排泄的功能。肌层由外环肌、内纵肌和中斜肌组成，是虫体伸缩活动的组织。

（三）消化系统

消化系统包括口、前咽、咽、食道和肠管。口除少数在腹面外，通常位于虫体前端，由口吸盘围绕。有些虫体有咽，有些没有咽，咽一般位于口下方，呈球形，咽后接食道，下分两条肠管，位于虫体两侧，向后延伸至虫体后部，其末端封闭称为盲肠。无肛门，肠内废物经口排出体外。

（四）排泄系统

排泄系统由焰细胞、毛细管、集合管、排泄总管、排泄囊、排泄孔等部分组成。焰细胞收集排泄物，经毛细管、集合管集中到排泄囊，由末端的排泄孔排出体外。成虫排泄孔只有一个，位于虫体末端。焰细胞的数目与排列方式，在幼虫分类上具有重要意义。

（五）神经系统

在咽的两侧各有一个由横索相连的神经节，相当于神经中枢。从两个神经节向前后各发出3对神经干，分布于虫体背腹和两侧。由神经干发出的神经末梢分布到口、腹吸盘和咽等器官。有些吸虫的毛蚴和尾蚴常具眼点，具有感觉器官的功能。

（六）生殖系统

生殖系统发达，除分体科吸虫外，均为雌雄同体。雄性生殖器官包括睾丸、输出管、输精管、贮精囊、射精管、雄茎囊、雄茎、前列腺和生殖孔等。一般有两个睾丸，各有一条输出管，合并为一条输精管。输精管远端膨大为贮精囊，其末端为雄茎。贮精囊和雄茎之间有前列腺。贮精囊、前列腺和雄茎由雄茎囊包围，雄茎开口于生殖孔，可伸出体外与雌性生殖器官进行交配。雌性生殖系统包括卵巢、输卵管、受精囊、卵膜、梅氏腺、卵黄腺和子宫等。卵巢一个，经输卵管与受精囊相接，在此汇合处有一个小管称劳氏管，开口于虫体的背面，有时起阴道的作用。输卵管还与卵黄管相通。卵黄腺多在虫体的两侧，由左右两条卵黄管合为卵黄总管，其膨大部为卵黄囊。一卵黄总管与输卵管汇合后的囊腔为卵膜，其周围的腺体为梅氏腺。卵由卵巢排出后，与受精囊的精子结合而受精，由卵黄腺分泌的卵黄颗粒，经卵黄管进入卵膜；梅氏腺的分泌物与卵黄颗粒凝聚在卵膜中，共同形成卵壳。虫卵由卵膜进入与此相连的子宫，成熟的虫卵通过子宫末端的生殖孔排出体外。吸虫无阴道，子宫末端的子宫颈具有阴道的作用。

二、吸虫的生活史

吸虫的发育过程比较复杂，各期幼形态模式如图2–2所示。整个过程都需要中间宿主，有的还需要补充宿主。中间宿主多为淡水螺或陆地螺；补充宿主多为鱼、蛙或昆虫等。发育过程包括虫卵、毛蚴、胞蚴、雷蚴、尾蚴、囊蚴和成虫各期。

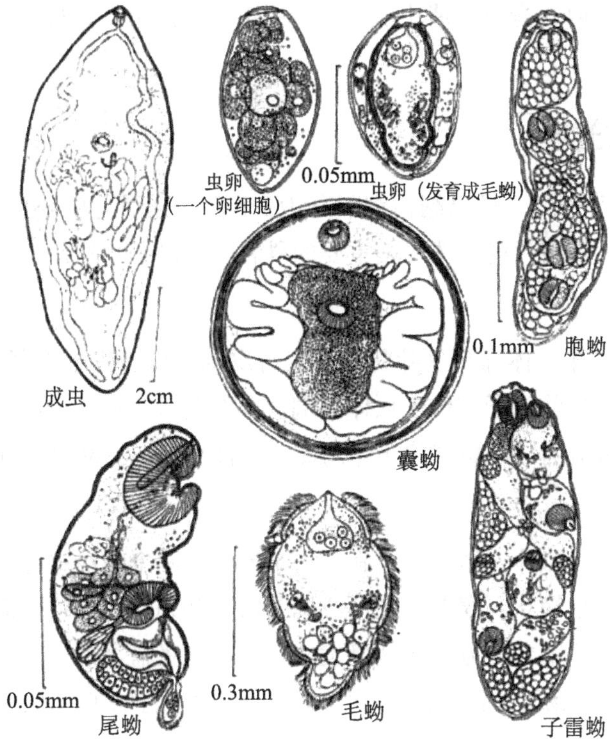

图2-2 吸虫各期幼形态模式
(杨永宁 等,2024)

虫卵,多呈椭圆形或卵圆形,除分体吸虫外都有卵盖,颜色为灰白色、淡黄色、棕色。虫卵在子宫内成熟后排出体外。有些虫卵在排出时只含有胚细胞和卵黄细胞,有的已有毛蚴。其中大部分虫卵需在宿主体外孵化。

毛蚴,外形近似为等边三角形,外被有纤毛,不食但运动活泼。前部宽,有头腺。消化道、神经和排泄系统开始分化。卵在水中完成发育,毛蚴从卵盖破壳而出游于水中。遇到适宜的中间宿主,即利用其头腺钻入中间宿主体内(螺),脱去纤毛,发育为胞蚴。

胞蚴,呈包囊状,两端圆,内含胚细胞、胚团及简单的排泄器。发育成熟的胞蚴体内常含有雷蚴。营无性繁殖在体内生成雷蚴,一般一个胞蚴能发育形成多个雷蚴。

雷蚴,呈包囊状,有咽和盲肠,还有胚细胞和排泄器,营无性繁殖。有的吸虫只有一代雷蚴,有的则有母雷蚴和子雷蚴两期。雷蚴发育成为尾蚴,成熟后逸出螺体,游于水中。

尾蚴,由体部和尾部构成,体表有棘。有吸盘1~2个,除原始的生殖器官外,其他器官均开始分化,尾蚴从螺体逸出,在某些物体上形成囊蚴或直接经皮肤钻入宿主体内,脱去尾部,移行到寄生部位发育为成虫。有些吸虫尾蚴需进入补充宿主体内发育为囊蚴,囊蚴再感染终末宿主。

囊蚴,由尾蚴脱去尾部,形成包囊后发育而成,体呈圆形或卵圆形。生殖系统有的只有简单的生殖原基细胞,有的则有完整的生殖器官。囊蚴都通过其附着物或补充宿主进入终末宿主的消化道内，囊壁被消化液溶解，幼虫破囊而出，经移行到达寄生部位发育为成虫。

三、吸虫的分类

吸虫属于扁形动物门，吸虫纲，纲下分为3个目，分别为单殖目、盾腹目、复殖目。与动物医学相关的是复殖目的虫体。其重要的科和属有以下几种。

1. 片形科

片形属：大型虫体，体扁平呈叶状，体表有皮棘。口、腹吸盘紧靠，有咽，食道短。卵巢分支，位于睾丸之前。子宫位于虫体前端。睾丸前后排列，分叶或分支。生殖孔居体中线上，开口于腹吸盘前。卵黄腺位于体两侧，延伸至体中央甚至尾部，缺受精囊。

2. 歧腔科

歧腔属：中、小型虫体，体细长。扁平，半透明。两个吸盘接近。有咽和食道，肠支简单。排泄囊简单，呈管状。睾丸呈圆形或椭圆形，并列、斜列或前后排列，位于腹吸盘后。卵巢呈圆形，位于睾丸后方。雄茎囊发达，位于腹吸盘之前。生殖孔居中位，开口于腹吸盘前。卵黄腺位于肠管中部两侧。子宫由许多上、下行的子宫圈组成，内含大量小型、深褐色卵。

3. 同盘科

同盘属：虫体肥厚，呈圆锥形、梨形或圆柱状。活体为乳白色、粉红色或深红色。体表光滑，有或无口吸盘，腹吸盘发达，在虫体后端。睾丸前后斜列于虫体中部或后部。生殖孔在体前部。

4. 前殖科

前殖属：小型虫体，前端稍尖，后端稍圆。口吸盘和咽发育良好，有食道，肠支简单。腹吸盘位于体前半部，睾丸对称，在腹吸盘之后。卵巢位于睾丸之间的前方，生殖孔在口吸盘附近。卵黄腺呈葡萄状，位于体两侧。

5. 后睾科

支睾属：中、小型吸虫，虫体扁平，前端较窄，透明。口、腹吸盘不发达，相距较近，有咽和食道，肠支抵达虫体后端。睾丸前后或斜列于虫体后部。卵巢一般在睾丸之前，卵黄腺位于体两侧。

6. 分体科

雌雄异体，雌虫较雄虫细，被雄虫抱在“抱雌沟”内。口腹吸盘不发达，缺咽。肠支在体后部联合成单管，抵达体后端。生殖孔开口于腹吸盘之后。睾丸形成4个或4个以上的叶，居于肠联合之前或之后。有的睾丸数量很多，呈颗粒状，卵巢在肠联合处之前。卵黄腺占据卵巢后部，虫卵壳薄，无卵盖。

四、主要吸虫的中间宿主

椎实螺：椎实螺科的多种螺蛳是片形吸虫、同盘吸虫和东毕吸虫的中间宿主。本科种类的螺壳大多为右旋，少数为左旋，一般中等大小，有个别属种个体较大，壳长可达60 mm。壳质薄，稍透明。外形呈耳状、球形、卵圆形和长圆锥形等。常常具有一个短的螺旋部，但有的也具有尖锐的螺旋部，体螺层一般极其膨大。壳面呈黄褐色到褐色。常大量地栖息在小水洼、池塘、小溪及灌溉渠道内，在海拔6 000 m以上的高原水域内也有分布。在青海目前发现有以下两种螺。

耳萝卜螺：外形呈耳状，贝壳较大，较高，一般可达24 mm，壳宽18 mm，壳口高21 mm，壳口宽14 mm，有4个螺层，螺旋部极短，尖锐，体螺层极其膨大，壳口极大，向外扩张呈耳状，壳口内缘螺轴略扭转。

小土蜗：外形呈膨大的卵圆形，贝壳较小，一般壳高12 mm，壳宽8 mm，有4~5个螺层，螺旋部高度等于或略大于壳口的高度。

五、常见的片形吸虫病

是由片形科片形属吸虫（图2-3）寄生于反刍动物肝胆管引起的疾病。主要特征为呈现区域性流行，多为慢性经过，动物主要表现出消瘦、发育障碍、生产力下降，急性感染时引起急性肝炎和胆管炎，并伴随全身性中毒和营养障碍。

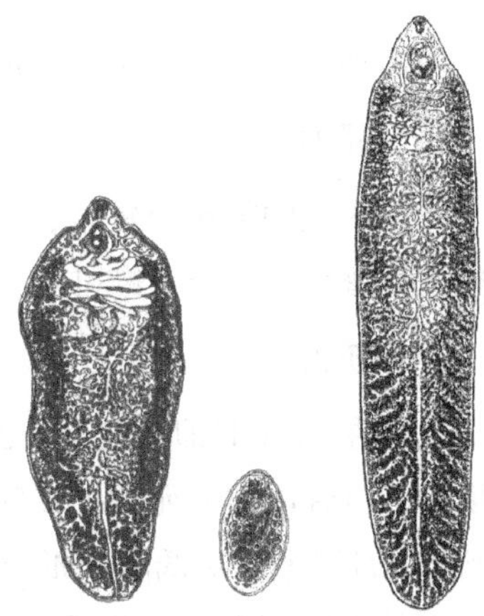

图2-3　常见的片形吸虫

（杨永宁　等，2024）

（一）病原体

1. 肝片形吸虫

背腹扁平，外观呈叶片状，活时呈棕红色，固定后呈灰白色。虫体大小为（21~41）mm×（9~14）mm。虫体前端呈圆锥状突起，称头锥。头锥后方变宽，呈肩样，肩部以后逐渐变窄。体表被有许多小刺。口吸盘位于头锥的前端，口吸盘稍后方为腹吸盘。在口、腹吸盘之间有生殖孔。

消化系统由口吸盘底部的口孔开始，下为咽，食道短，两条肠管左右分开，肠管上有许多特别发达的外侧分支。

生殖系统极为发达，雌雄同体。雄性生殖器官包括两个分支的睾丸，前后纵列于虫体的中后部，每个睾丸各有一个输出管，两条输出管上行汇合成一条输精管，通到贮精囊，再由贮精囊通到射精管，其末端为雄茎。在贮精囊、射精管和雄茎外包有雄茎囊。在贮精囊与雄茎之间有前列腺。雌性生殖器官包括鹿角状分支的卵巢，位于腹吸盘后方的右侧。卵膜位于紧靠睾丸前方的虫体中央。在卵膜与腹吸盘之间为盘曲的子宫，其内充满褐色的虫卵。子宫与卵膜相通，卵膜外包有梅氏腺。卵黄腺分布于虫体两侧，由许多褐色小滤泡组成，左右两条卵黄管汇合为一条卵黄总管通入卵膜。无受精囊。体后端中央处有纵行的排泄囊和末端的排泄孔。

虫卵较大，呈长卵圆形，颜色为黄褐色或金黄色。前端较窄，有一个不明显的卵盖，后端较钝。卵壳较薄而光滑，半透明，分两层，卵内充满着卵黄细胞和一个大的胚细胞。虫卵大小为（133~157）μm×（74~91）μm。

2. 大片形吸虫

形态与片形吸虫基本相似，虫体呈长叶状，长达(25~75) mm×(5~12) mm。虫体“肩部”不明显，虫体的两侧比较平行，前后的宽度变化较小，虫体后端钝圆。腹吸盘较大。肠管的内侧分支比较多，并有明显的小枝。卵呈黄褐色，长卵圆形，大小为(150~190) μm×(75~90) μm。

（二）流行病学

1. 感染源

患病动物和带虫动物不断向外界排出大量虫卵，污染环境，是本病最主要的感染来源。

2. 繁殖力

片形吸虫的繁殖力较强，一条成虫每昼夜可产8 000~13 000个虫卵。幼虫在中间宿主体内无性繁殖，一个毛蚴可发育为数十至数百个尾蚴。

3. 抵抗力

虫卵在13 ℃时即可发育，25~30 ℃时最适宜。虫卵对高温和干燥敏感，在40~50 ℃的环境中几分钟内就会死亡，在完全干燥的环境中也会迅速死亡。在潮湿无光照的粪堆中可存活8个月以上。对低温的抵抗力较强，但结冰后很快就会死亡。毛蚴的孵化与光线、温度、水的新鲜度有关，含毛蚴的卵在低温14 ℃时不能孵化。囊蚴抵抗力更强，在潮湿环境中可活3~5个月，在干草上可活1.0~1.5个月。对低温有一定的抵抗力，在-1 ℃的环境中生存24 h后仍有活力，但对干燥的环境和阳光直射比较敏感。

4. 地理分布

片形吸虫病的流行与地区的温度、水和淡水螺的存在有密切关系。肝片吸虫病在我国发病普遍，而大片形吸虫病主要见于南方。该病多发生于地势低洼的牧场、稻田地区和江河流经区域等。

5. 季节动态

终末宿主感染多发生在夏秋季节，这主要与片形吸虫在外界发育所需要的条件和时间、螺的生活规律及降水和气温等因素有关。此外，尾蚴逸出螺体与外界环境温度有密切关系，如外界温度为9 ℃时一般不能从螺体内逸出。新鲜雨水可刺激尾蚴从螺体内钻出，所以本病在多雨或久旱逢雨的温暖季节多发。感染季节决定了发病季节，幼虫引起的疾病多在秋末冬初，成虫引起的疾病多见于冬末和春季。

（三）生活史

中间宿主为椎实螺科的淡水螺，肝片吸虫的中间宿主主要是小土蜗螺和斯氏萝卜螺。大片吸虫的中间宿主主要是耳萝卜螺。终末宿主，肝片吸虫主要是牛、羊、骆驼等反刍动物，有时猪、马、人和大象等也会感染；大片吸虫主要是牛。

成虫寄生于终末宿主肝胆管内产卵，产出的虫卵随胆汁入肠腔，再随粪便排到体外。虫卵在适宜的温度（25~30 ℃）、氧气、水分和光线条件下，经10~25 d孵出毛蚴。毛蚴游于水中，遇到中间宿主即钻入其体内，在35~50 d内经胞蚴、雷蚴（无性繁殖阶段），发育为尾蚴。尾蚴离开螺体，在水面或植物叶上短时间内可发育成囊蚴，终末宿主吞食囊蚴而感染。当条件不适宜时，雷蚴则发育为子雷蚴，也可延长在螺体内的发育时间。

囊蚴进入终末宿主肠道，有3种途径进入肝：从胆管开口钻入肝；进入肠壁血管，随血流入肝；穿过肠壁进入腹腔，然后从肝表面钻入肝。最后一个途径为多数虫体到达肝的途径。到达肝后，穿破肝实质，进入肝胆管发育为成虫。从感染到发育为成虫需2~4个月，成虫可在终末宿主体内存活3~5年。肝片吸虫生活史如图2-4所示。

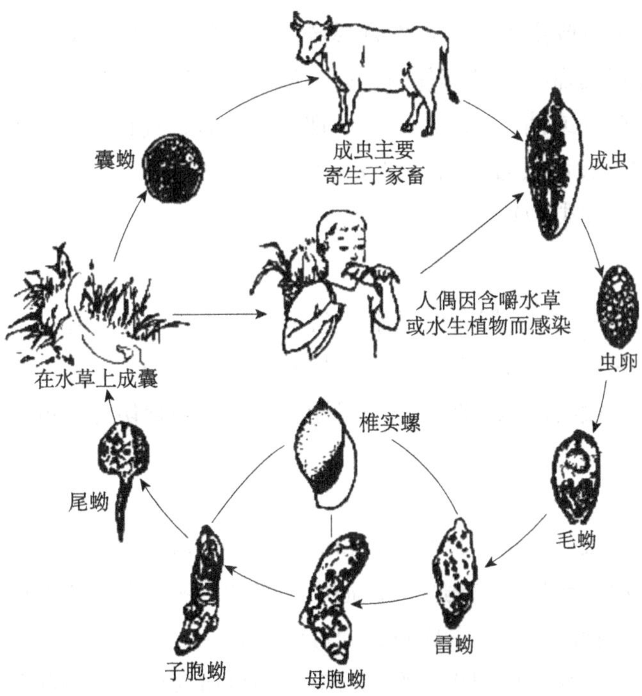

图2-4　肝片吸虫生活史

（杨永宁　等，2024）

（四）致病作用

幼虫在终末宿主体内移行时，可机械地损伤和破坏肠壁、肝包膜、肝实质和微血管，引起炎症和出血。肝片吸虫释放的毒性物质、代谢产物和带入细菌的作用，引起急性肝炎、腹膜炎和内出血，这是动物患本病会导致死亡的主要原因。虫体进入胆管后，造成慢性肝炎、小叶间结缔组织增生，致使发生肝硬化分解产物吸收入血，引起全身中毒，血管壁通透性增强，血液成分外渗而发生水肿。虫体吸食宿主血液，其分泌物造成溶血并可影响红细胞生成而引起机体贫血。虫体多时引起胆管扩张、增厚、变粗甚至阻塞，胆管内壁盐类沉积，胆汁停滞而发生黄疸和消化障碍，虫体代谢产物可扰乱中枢神经系统，使其体温升高。

1. 临床症状

临床症状主要取决于感染虫体的数量、机体的抵抗能力、营养状况和饲养管理条件等。根据病情一般可分为急性型和慢性型，其中绵羊最敏感，最易发病。

（1）急性型。是由幼虫引起，在吞食大量囊蚴后2~6周发病，多见于绵羊和犊牛。常因在短时间内受严重感染所致，多发于夏末、秋季和冬初。病初表现体温升高，精神沉郁，食欲减退或不食，衰弱易疲劳，迅速发生贫血。眼结膜由潮红黄染逐渐转为苍白黄染。肝区叩诊范围扩大，触压和叩打有痛感，红细胞数量和血红蛋白数量显著降低。出现消瘦，腹水。重者在几天内死亡或转为慢性型。

（2）慢性型。是由成虫引起，在吞食囊蚴后4~5个月发生，多发生于初春。病畜表现出消瘦、贫血和低蛋白血症，黏膜苍白、被毛粗乱，易脱落。眼睑、下颌及胸下水肿，早晚明显，运动后可减轻或消失。病牛一般呈现营养障碍、食欲减退、反刍异常、周期性瘤胃臌气和前胃弛缓，腹泻或腹泻与便秘交替发生。患病妊娠羊易流产，乳牛产乳量降低，重者因恶病质死亡。此类型较多见。

2. 病理变化

（1）急性型：肝肿大，包膜有纤维素性沉积，有时可见有虫道。

（2）慢性型：主要表现为增生性肝炎，小叶间结缔组织增生，胆管扩张、增厚、变粗、甚至阻塞，胆管内壁盐类沉积，胆管内壁粗糙而坚实。胆管切开后也可见成虫或童虫。

（五）诊断

根据临床症状、流行病学、粪便检查和剖检等综合判定。

粪便检查用沉淀法或尼龙筛淘洗法，适用于慢性病例。若在粪便中发现大量金黄色的虫卵，剖检可在肝胆管内检出大量成虫，即可确诊。

急性病例检不出虫卵，可用皮内变态反应、间接血凝试验或酶联免疫吸附试验等免疫学方法进行诊断。剖检急性病例可见肝肿大、充血、易碎、出血，切开肝挤压切面流出污黄色黏稠的液体，可在腹腔和肝实质发现大量的童虫，即可确诊。

（六）治疗

主要选用以下药物。

丙硫咪唑（抗蠕敏）：牛20~30 mg/kg体重，一次口服，或10 mg/kg体重。绵羊10~15 mg/kg体重，一次口服，对成虫有效，对幼虫有一定的疗效。

硝氯酚（拜耳9015）：牛3~4 mg/kg体重，绵羊4~5 mg/kg体重，一次口服。针剂可按牛0.5~1.0 mg/kg体重，绵羊0.75 mg/kg体重，深部肌内注射。适用于慢性病例，对幼虫无效。

溴酚磷（蛭得净）：牛、羊12 mg/kg体重，一次口服，对成虫和幼虫均有效。

三氯苯唑（肝蛭净）：牛6~12 mg/kg体重，羊5~10 mg/kg体重；一次口服，对成虫和幼虫均有效，对急性病例用药时过5周再用药一次，本药不能用于泌乳期动物，为了扩大抗虫谱可与左旋咪唑联合应用。

（七）防治

根据流行病学特点，采取综合性防治措施。

1. 定期驱虫

驱虫的时间和次数可根据流行区的具体情况而定。在我国北方地区，每年冬、春季各驱虫一次。南方地区每年可进行3次驱虫，第1次在感染高峰后的2~3个月进行成虫期前驱虫，以后每隔3个月进行第2、第3次成虫期驱虫。青海省可于3—4月和11—12月进行两次驱虫。急性病例可随时驱虫，流行严重地区要注意在同一牧地的动物应同时驱虫，驱虫后的粪便进行生物热发酵处理。废弃的患病动物肝经无害化处理。

2. 科学放牧

尽量选择在干燥地区放牧。在感染季节放牧时，每1.5~2.0个月轮换草地。

3. 饲养卫生

避免饮用地表非流动水，在湿洼地收割的牧草，晒干后存放2~3个月再利用，并保持水源的清洁，以避免感染。

4. 消灭中间宿主

根据各地具体情况采取不同的方法。化学方法，一般采用硫酸铜溶液喷雾对低湿放牧地进行喷洒，灭螺效果良好，2~3个月后重复一次。物理方法，采用如排水、改渠、翻耕、土埋等方法，可结合草原或农田基本建设进行灭螺。生物学方法，可饲养鹅、鸭及保护野生水禽来消灭螺。

材料准备

上述吸虫的浸渍标本和切片染色标本，各种吸虫中间宿主的标本，感染吸虫的病理标本。

工具准备

显微镜、多媒体投影仪、培养皿、尺子、放大镜。

任务实施

步骤一：用显微镜成像系统或多媒体投影仪，以片形科吸虫（如大片吸虫、肝片吸虫）为代表虫种，观察吸虫的共同形态构造特征和螺的一般形态。

步骤二：外部形态观察，将代表虫种的浸渍标本置于平皿中，在放大镜下观察其一般形态，用尺子测量大小。

步骤三：内部形态构造观察，在生物显微镜或实体显微镜下，观察代表虫种的切片染色标本。主要观察口、腹吸盘的位置和大小；口、咽、食道和肠管的形态；睾丸数目、形状和位置；雄精囊的位置；卵巢、卵膜、卵黄腺和子宫的形态与位置；生殖孔的位置等。

步骤四：取代表性中间宿主小土窝螺置于培养皿中，观察其形态特征。

步骤五：将所观察到的吸虫形态构造特征填入表2-1中。

表2-1　吸虫形态构造特征

标本编号	形状	大小	吸盘大小与位置	睾丸形状位置	卵巢形状位置	卵黄腺位置	子宫形状位置	其他特征	鉴定结果
001									
002									
003									
004									

任务检测

任务二 家畜吸虫病常见病原形态学观察

任务导入

教师提供实验室常见的家畜吸虫成虫、幼虫及虫卵的各种浸渍标本、切片标本和病理标本，要求学生进行形态结构观察并总结。

任务工单

班级______ 姓名______ 学号______

<table>
<tr><td>任务名称</td><td colspan="4">家畜吸虫病常见病原形态学观察</td></tr>
<tr><td>任务描述</td><td colspan="4">任务内容：
按照教师所提供的各类不同的素材进行观察，根据观察结果进行总结。
任务目的：通过观察，掌握家畜常见吸虫的主要形态特征。
任务流程：
1. 浸渍标本；
2. 切片标本；
3. 病理标本。
任务方法：
1. 外部形态观察；
2. 内部形态构造观察。</td></tr>
<tr><td>获取信息</td><td colspan="4">要完成任务，需要掌握相关的知识。请收集资料，回答以下问题。
1. 家畜常见的吸虫病有哪些？
2. 家畜常见的吸虫病的生活史有哪些？
3. 家畜常见吸虫病的诊断及防治方法有哪些？</td></tr>
<tr><td>制订计划</td><td colspan="4"></td></tr>
<tr><td rowspan="6">任务实施</td><td colspan="4">按照预先制订的工作计划，完成本任务，并记录任务实施过程。</td></tr>
<tr><td>序号</td><td>完成的任务</td><td>遇到的问题</td><td>解决的办法</td></tr>
<tr><td></td><td></td><td></td><td></td></tr>
<tr><td></td><td></td><td></td><td></td></tr>
<tr><td></td><td></td><td></td><td></td></tr>
<tr><td></td><td></td><td></td><td></td></tr>
</table>

任务准备

知识准备

一、前后盘吸虫病

前后盘吸虫病又称为同盘吸虫病，是由前后盘科的各种吸虫寄生于牛羊等反刍动物的瘤胃绒毛间引起的疾病。也有见寄生于单蹄兽、猪、犬的消化系统的。

（一）病原体

同盘吸虫（图2-5）中最常见的有鹿同盘吸虫和长菲策吸虫。

1. 鹿同盘吸虫

鹿同盘吸虫，属同盘科、同盘属。虫体为粉红色，形似“鸭梨”。长12~22 mm，口吸盘位于虫体前端，腹吸盘位于虫体后端，大小约为口吸盘的2倍。没有咽。肠支长，经3~4个弯曲到达虫体后端，分布于两侧。睾丸两个，呈椭圆形，前后排列于中部。卵巢呈圆形，位于睾丸后方。生殖孔开口于肠支分处后方。子宫从睾丸后缘经多个弯曲延伸至生殖孔。卵黄腺发达，呈滤泡状，分布于两侧，与肠支重叠。

虫卵呈椭圆形，浅灰色，卵壳薄而光滑。卵盖明显，卵黄细胞不充满整个虫卵，常偏于一端。

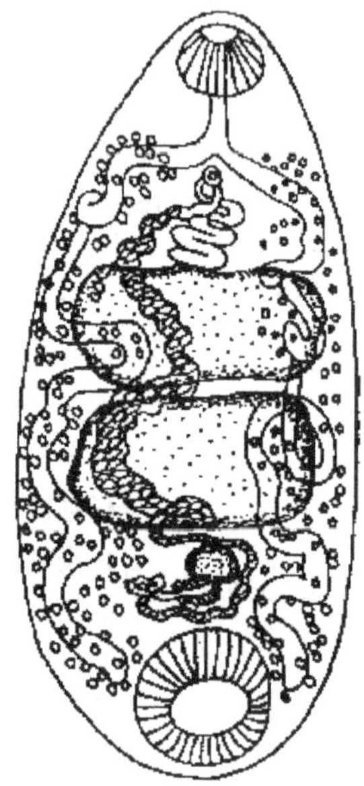

图2-5 同盘吸虫

（张宏伟 等，2006）

2. 长菲策吸虫

长菲策吸虫，属腹袋科、菲策属。呈深红色，圆柱形。长12~22 mm，有腹袋，由口吸盘前止于睾丸边缘，前窄后宽。睾丸边缘有3~4瓣。前后排列于体后。卵巢位于两睾丸之间，卵黄腺呈滤泡状，分布于虫体两侧。虫卵形态同鹿同盘吸虫虫卵，颜色为褐色。

（二）流行病学

本病广泛流行，多见于江河流域，低洼潮湿等水源丰富的地区，也多发于多雨年份时在夏秋季滩地放牧的畜群，南方可常年感染，北方主要在5—10月感染。

（三）生活史

中间宿主：淡水螺类，主要为扁卷螺和椎实螺。

终末宿主：主要为牛、羊、鹿、骆驼等反刍动物。

同盘吸虫发育过程与肝片形吸虫相似。成虫在牛羊瘤胃内产卵，虫卵随粪便排至体外，在适宜的环境条件下孵出毛蚴，毛蚴在水中遇到中间宿主即钻入其体内，发育为胞蚴、雷蚴和尾蚴，侵入到中间宿主体内的毛蚴经过约43 d发育为尾蚴。尾蚴离开螺体后，附在水草上形成囊蚴。牛、羊食草或饮水食入囊蚴而感染。囊蚴在肠道逸出，发育为幼虫，幼虫经小肠、胆管再经胆囊随胆汁进入皱胃内移行，35 d后到达瘤胃内，蚴虫2~4个月发育为成虫。

（四）临床症状

急性型发生于夏、秋季，由大量幼虫引起。表现为精神沉郁，顽固性腹泻，粪便呈粥样或水样，粪便恶臭，动物迅速消瘦、贫血；肩前及腹股沟淋巴结肿大；颌下水肿，有时发展到整个头部。后期极度瘦弱，表现为恶病质状态，卧地不起。嗜中性粒细胞增多且核左移，嗜酸性粒细胞和淋巴细胞增多，最终因衰竭而死亡。

慢性型发生于冬、春季，由大量成虫寄生引起，主要表现为慢性消耗性疾病症状，食欲减退、消瘦、贫血、颌下水肿，腹泻等。

（五）病理变化

剖检可见瘤胃壁上有大量成虫寄生，瘤胃黏膜肿胀，损伤。幼虫移行而致小肠和真胃发生急性炎症，导致黏膜水肿、出血、坏死和纤维素性炎症，有时可见“虫道”。成虫摄食营养物质，造成瘤胃乳头萎缩、硬化而影响消化机能。

（六）诊断

急性型根据流行病学、临床症状和剖检发现虫体综合诊断。

发病期腹泻严重，下痢便中往往混有被排出的幼虫，可用水洗沉淀法检查。

剖检可见尸体消瘦，淋巴结肿大，真胃和小肠黏膜水肿，有出血点，有时见有纤维素性炎及坏死灶，在小肠、真胃及网胃和瘤胃见有大量幼虫。

慢性型根据粪便检查和剖检确诊。粪便检查用沉淀法，发现大量虫卵，即可确诊。

（七）治疗

急性期用氯硝柳胺，75~80 mg/kg体重，对幼虫的疗效较好。慢性期用硫双二氯酚和六氯对二甲苯，剂量同肝片形吸虫病的治疗。

二、歧腔吸虫病

歧腔吸虫病，是由歧腔科歧腔属的吸虫寄生于反刍动物等的胆管和胆囊内引起的疾病。本病在我国分布很广，特别是在西北地区及内蒙古牧区流行比较广泛，感染率和感染强度远比片形吸虫高，对养羊业造成很大的危害。虫体寄生在牛、羊、猪、犬、猫等动物的胆囊中，人也可被感染。

(一)病原体

常见的歧腔吸虫(图2-6)有矛形歧腔吸虫和中华歧腔吸虫。

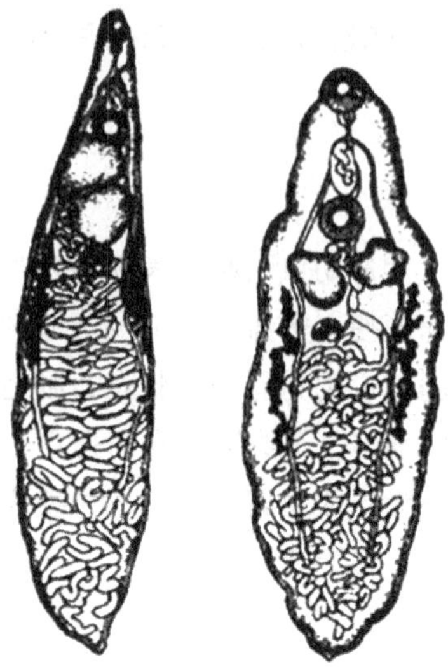

图2-6　歧腔吸虫的成虫
(张渊，2014)

1. 矛形歧腔吸虫

矛形歧腔吸虫虫体狭长呈矛形，新鲜虫体为棕红色，虫体狭长呈柳叶状，体表光滑，薄而半透明状，前端较尖，体后部稍宽，大小为(6.67~8.34)mm×(1.60~2.14)mm，腹吸盘大于口吸盘，口吸盘位于前端，腹吸盘位于体前1/5处，两睾丸前后排列或斜列于腹吸盘后方，雄茎囊位于肠分叉与吸盘之间，内含贮精囊、前列腺和雄茎。生殖口开口于肠分叉处。卵巢在睾丸之后，呈圆形或不规则形状，具有受精囊和劳氏管。卵黄腺位于虫体中部，呈小颗粒状。两侧子宫弯曲，充满虫体的后半部，内含大量虫卵。虫卵似卵圆形，颜色为黄褐色，一端有卵盖，左右不对称，内含毛蚴。虫卵大小为(34~44)μm×(29~33)μm。

2. 中华歧腔吸虫

中华歧腔吸虫与矛形歧腔吸虫相似，但虫体较宽扁，腹吸盘前方体部呈头锥形，其后两侧较宽，呈肩样突起。虫体大小为(3.54~8.96)mm×(2.03~3.09)mm。两个睾丸呈圆形，边缘不整齐或稍有分叶，并列于腹吸盘之后，这是与矛形歧腔吸虫形态上最明显的区别。卵巢在睾丸之后略靠体中线。虫卵似卵圆形，黄褐色，具卵盖，大小为(45~51)μm×(30~33)μm。

(二)流行病学

1. 虫卵的抵抗力

虫卵对外界环境的抵抗力较强，在土壤和粪便中可存活数月后还具有感染能力，对低温的抵抗力更强。虫卵及中间宿主、补充宿主体内的各期幼虫均可越冬，且不丧失感染能力。

2. 地理分布

本病多呈地方性流行，我国大部分地区均有发生。尤以西北地区和内蒙古地区较为严重。

3. 季节动态

在温暖潮湿的南方地区，中间宿主蜗牛和补充宿主蚂蚁可全年活动，因此动物几乎全年都可感染；而在寒冷干燥的北方地区，中间宿主的冬眠使动物的感染具有明显的春秋两季特点，动物发病多在冬、春季。

4. 感染强度

感染率和感染强度随着动物年龄的增加也逐渐增加。由于动物对其获得性免疫力较差。感染的虫体可达千条，甚至上万条。

（三）生活史

双腔吸虫在发育过程中需要有两个中间宿主。

中间宿主：陆地螺，主要为条纹蜗牛。

补充宿主：蚂蚁。

终末宿主：主要为牛、羊、鹿和骆驼等反刍动物。

虫卵随终末宿主粪便排出体外，被中间宿主陆地螺吞食后，在其体内孵出毛蚴，然后发育为母胞蚴、子胞蚴和尾蚴。在陆地螺体内的发育期为82~150 d。尾蚴从子胞蚴的产孔逸出后，移行至螺的呼吸腔，每数十个至数百个尾蚴集中在一起形成尾蚴群囊，外被有黏性物质成为黏球，从螺的呼吸腔排出黏在植物或其他物体上。当含尾蚴的黏球被补充宿主蚂蚁吞食后，尾蚴在其体内形成囊蚴（感染性阶段），牛、羊等吃草时吞食了含囊蚴的蚂蚁而感染。囊蚴在终末宿主的肠内脱囊，由十二指肠经胆总管到达肝胆管和胆囊内寄生，需72~85 d发育为成虫。成虫在宿主体内可存活6年以上。

（四）临床症状

轻度感染时症状多不明显，严重感染时尤其在早春症状明显。一般表现为可视黏膜轻度黄染，消化紊乱，腹泻与便秘交替，逐渐消瘦、贫血及颌下水肿、毛干易断，可引起死亡。

（五）病理变化

主要为胆管卡他性炎症和胆管壁增厚，胆管周围结缔组织增生。肝脏表面粗糙、变硬、肿大、胆管扩张。

（六）诊断

根据流行病学，多发生于在地势低洼潮湿草地放牧的牛羊身上。结合临床症状、粪便检查，发现大量的虫卵或死后剖检发现虫体即可确诊。

（七）治疗

可选用以下药物。

三氯苯丙酰嗪（海涛林）：绵羊40~50 mg/kg体重，牛30~60 mg/kg体重，配成2%的悬混液，经口一次灌服。

六氯对二甲苯（血防846）：牛、羊200~300 mg/kg体重，一次口服，连用两次，驱虫率可达100%。

吡喹酮：绵羊50~70 mg/kg体重，一次口服，疗效可达96%~100%；油剂腹腔注射，剂量为绵羊50 mg/kg体重，牛35~45 mg/kg体重，疗效均在99%以上。

丙硫咪唑：绵羊30~50 mg/kg体重，牛10~15 mg/kg体重，配制成5%的悬混液，经口一次灌服。

（八）防治

每年定期驱虫，每年的秋末和冬季进行两次驱虫，以防虫卵污染草原。粪便发酵处理，避免在潮湿和低洼的牧地上放牧。保持饲草及饮水卫生，积极消灭中间宿主和补充宿主。

三、华支睾吸虫病

华支睾吸虫病又称肝吸虫病，是由后睾科支睾属的支睾吸虫寄生于犬、猫、猪等动物和人的肝胆管及胆囊引起的疾病。主要特征为肝肿大，多呈隐性感染和慢性经过，是重要的人兽共患病。

（一）病原体

华支睾吸虫：背负扁平呈叶状，半透明，长10~25 mm，宽3~5 mm。口吸盘略大于腹吸盘，相距稍远。消化器官简单，食道短。肠支伸达虫体后端。睾丸分支，前后排列于虫体后1/3。卵巢分叶，位于睾丸前。受精囊发达，呈椭圆形，位于睾丸与卵巢之间。卵黄腺由细小的颗粒组成，分布于虫体两侧。子宫从卵膜处开始盘绕向前，开口于腹吸盘前缘的生殖孔，内充满虫卵。

虫卵较小，呈黄褐色，形似灯泡，内含成熟的毛蚴，一端有卵盖，另一端有一个小突起。虫卵大小为（27~35）μm×（12~20）μm。

（二）华支睾吸虫生活史

（1）中间宿主。淡水螺类，主要以纹沼螺、长角涵螺和赤豆螺等分布最为广泛。

（2）补充宿主。淡水鱼和虾。在我国已经证实的淡水鱼有70多种，其中以鲤鱼、鲫鱼、鳑鱼、草鱼和麦穗鱼感染率最高；淡水虾包括米虾、沼虾等。

（3）终末宿主。犬、猫、猪等动物和人，食鱼的野生动物亦可感染。

（4）发育过程。成虫产出的虫卵随粪便排出体外，被螺吞食在其体内发育为毛蚴、胞蚴、雷蚴、尾蚴，进入中间宿主体内的虫卵发育为尾蚴需要30~40 d。尾蚴离开螺体游于水中，遇到淡水鱼、虾即钻入其肌肉形成囊蚴。终末宿主食入含有囊蚴的鱼、虾而感染。囊蚴在十二指肠破囊后逸出，从胆总管进入肝胆管发育为成虫。进入终末宿主体内的囊蚴发育为成虫约需30 d，幼虫也可以钻入十二指肠壁随血流到达胆管。在适宜的条件下，完成全部发育过程约需100 d。成虫在犬、猫体内分别可存活3.5年和12年以上。在人体内可存活20年以上。

（5）感染来源。终末宿主的感染来源为含有囊蚴的补充宿主；中间宿主的感染来源为终末宿主的粪便。

（6）感染途径。终末宿主经口感染。患病动物和人的粪便未经处理倒入鱼塘，螺感染后使鱼的感染率上升，有些地区可达50%~100%。囊蚴遍布鱼的全身，以肌肉中最多。动物感染多因食入生鱼、虾饲料或厨房废弃物而引起。人感染的主要原因是食生鱼、烫鱼、生鱼粥等。

（7）抵抗力。囊蚴对高温敏感，90°C时立即死亡。在烹制“全鱼”时，可因温度和时间不足而不能杀死囊蚴。

（8）地理分布。分布广泛。在水源丰富、淡水渔业发达地区尤为流行。

（三）临床症状

多数动物为隐性感染，症状不明显。严重感染时，食欲减退，下痢，水肿，甚至腹水，逐渐消瘦和贫血，轻度至重度黄疸，可视黏膜黄染，叩诊肝区有痛感。病程多为慢性经过，易并发其他疾病。

人主要表现胃肠道不适，食欲不佳，消化障碍，腹痛，有门静脉淤血症状，肝肿大，肝区隐痛，轻度浮肿，或有夜盲症。

（四）病理变化

少量寄生时剖检无明显病变。大量寄生时可见卡他性胆管炎和胆囊炎，胆管变粗，胆囊肿大，胆汁浓稠呈草绿色，肝脂肪变性、结缔组织增生和硬化。

（五）诊断

根据流行病学、临床症状、病原检查等综合诊断。因虫卵小，粪便检查可用漂浮法，沉淀法检出率低。也可以用十二指肠引流胆汁检查法，用引流的胆汁进行离心沉淀，发现虫卵就可确诊。死后剖检发现虫体也可确诊。

人可用间接血凝试验（IHA）和酶联免疫吸附试验（ELISA）作为辅助诊断方法。

（六）治疗

吡喹酮：犬、猫50~60 mg/kg体重，一次口服，隔周服用一次。休药期28 d。

丙硫咪唑：30 mg/kg体重，口服，每天一次，连用12 d。

丙酸哌嗪：50~60 mg/kg体重，每天一次混饲，5 d为一个疗程。牛休药期14 d、羊10 d。

六氯对二甲苯（血防846）：犬、猫50 mg/kg体重，每天3次，连用5 d。总量不超过25 g，出现毒性反应后立即停药。

硫双二氯酚（别丁）：80~100 mg/kg体重，口服。

（七）防治

定期驱虫：流行区的易感动物和人要定期检查和驱虫，防止终末宿主的粪便污染鱼池。

饲料卫生：禁止以生鱼、虾饲喂易感动物，厨房废弃物应经高温后再用作饲料。

饮食卫生：人禁食生鱼、虾，烹调要保证熟透。

灭螺：可用喷洒药物、兴修水利、改造低洼地、饲养水禽等措施。

材料准备

标本：上述吸虫的浸渍标本、切片染色标本和病理标本；各种吸虫中间宿主的标本，感染吸虫的病理标本。

工具准备

显微镜、多媒体投影仪、培养皿、载玻片、盖玻片、尺子、放大镜。

人员准备

任务角色	任务内容
组长：	任务：
组员1：	任务：
组员2：	任务：

任务实施

步骤一：虫体观察，对于虫体比较小的染色切片应在显微镜下用低倍镜观察，而较大的虫体染色切片应用放大镜观察。

步骤二：虫卵的观察，取洁净的载玻片，在其中央滴一小滴虫卵保存液（内含有虫卵），在虫卵保存液上盖上盖玻片，置于显微镜的暗视野下进行检查。

步骤三：若步骤二观察不够清楚，用解剖针轻轻移动盖玻片，以便于能清晰辨认虫卵结构。

步骤四：将所观察的吸虫形态构造特征填入表2-2。

表2-2 吸虫形态构造特征

标本编号	形状	大小	吸盘大小与位置	睾丸形状位置	卵巢形状位置	卵黄腺位置	子宫形状位置	其他特征	鉴定结果
001									
002									
003									
004									

任务检测

任务三 分体吸虫病的病原识别

任务导入

分体吸虫病是一种常见的动物寄生虫病，尤其是日本分体吸虫病被世界卫生组织列为全球重点防治的疾病之一。它严重威胁着疫区人与动物的健康和生命安全，给畜牧业带来巨大的经济损失。

任务工单

班级__________ 姓名__________ 学号__________

<table>
<tr><td>任务名称</td><td colspan="4">分体吸虫病的病原识别</td></tr>
<tr><td>任务描述</td><td colspan="4">任务内容：按照教师所提供的各类不同的素材进行观察，根据观察结果进行总结。
任务目的：
1. 熟悉分体科常见虫体的形态特征和毛蚴的形态特征；
2. 掌握血吸虫病虫卵检查方法。
任务流程：
1. 实验室材料准备；
2. 实验室工具准备；
3. 实验操作；
4. 实验注意事项及结果分析。
任务方法：
1. 环卵沉淀试验法（COPT）；
2. 间接血凝试验法（IHA）。</td></tr>
<tr><td>获取信息</td><td colspan="4">要完成任务，需要掌握相关的知识。请收集资料，回答以下问题。
1. 分体科常见的吸虫有哪些？
2. 分体科吸虫的生物学特性有哪些？
3. 日本分体吸虫的诊断及防治要点有哪些？</td></tr>
<tr><td>制订计划</td><td colspan="4"></td></tr>
<tr><td rowspan="6">任务实施</td><td colspan="4">按照预先制订的工作计划，完成本任务，并记录任务实施过程。</td></tr>
<tr><td>序号</td><td>完成的任务</td><td>遇到的问题</td><td>解决的办法</td></tr>
<tr><td></td><td></td><td></td><td></td></tr>
<tr><td></td><td></td><td></td><td></td></tr>
<tr><td></td><td></td><td></td><td></td></tr>
<tr><td></td><td></td><td></td><td></td></tr>
</table>

任务准备

知|识|准|备

一、东毕吸虫病

东毕吸虫病是由分体科东毕属的吸虫寄生于动物肠系膜静脉和门静脉血管中引起的疾病。主要感染牛、羊、鹿、骆驼等反刍兽，其次是马、驴等单蹄兽。人患此病是尾蚴侵入皮肤引起皮炎，故称稻田皮炎、游泳皮炎或尾蚴性皮炎。

（一）病原体

病原体种类较多，我国常见的种类有土耳其斯坦东毕吸虫、程氏东毕吸虫、彭氏东毕吸虫、土耳其斯坦结节变种东毕吸虫4种。土耳其斯坦东毕吸虫较为常见。

土耳其斯坦东毕吸虫（图2-7），其虫体呈线状，"C"形弯曲，雌雄异体，雄虫大小为（4.39~4.56）mm×（0.36~0.42）mm。体型短而粗，前端扁平，从腹吸盘开始到尾根，形成抱雌沟，往往雌雄经常呈抱合状态，雄虫乳白色，生殖孔开口在腹吸盘的后方。雌虫大小为（3.95~5.73）mm×（0.07~0.12）mm，暗褐色，体表光滑，圆柱状、细长。虫卵无卵盖，大小为（72~74）mm×（22~26）mm，两端均有附属物，一端较尖，另一端较钝。

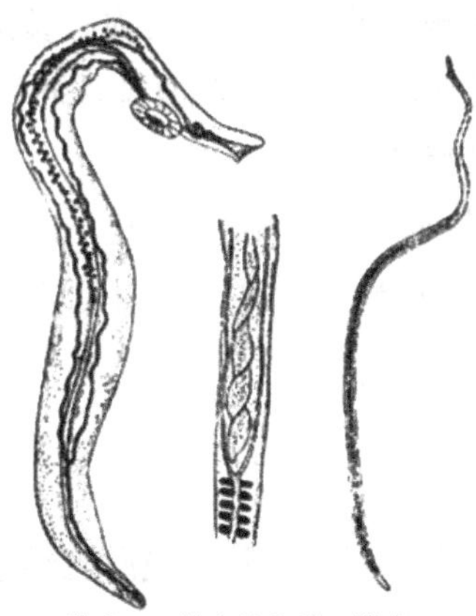

雄虫　　雌虫的卵巢　　雌虫

图2-7　土耳其斯坦东毕吸虫

（张渊，2014）

（二）流行病学

1. 地理分布

虫体多分布于地势低洼、江河沿岸、水稻种植区等水源较丰富的地区，呈地方性流行。在青海省和内蒙古自治区的个别地区十分严重。

2. 感染强度

动物感染高达1万~2万条，可引起羊只死亡。

3. 季节动态与年龄特点

一般在5—10月感染和流行。北方地区多在6—9月，牛、羊放牧时，在水中吃草或饮水时经皮肤感染。急性病例多见于夏、秋季，慢性病例多见于冬、春季。成年牛、羊的感染率高于幼龄牛羊，黄牛和羊的感染率高于水牛。

（三）生活史

中间宿主：为椎实螺类，主要有耳萝卜螺、卵萝卜螺、小土窝螺等。

终末宿主：主要为牛、羊、骆驼还有马属动物及一些野生动物。

雌虫寄生于牛、羊等终末宿主的肠系膜静脉及门脉中的末梢部位产卵，虫卵从肠壁黏膜下末梢血管落入肠腔，虫卵随粪便排出，虫卵在适宜的条件下，经10 d左右孵出毛蚴。毛蚴在水中遇到中间宿主椎实螺类，迅速钻入其体内，经过母胞蚴、子胞蚴发育至尾蚴，毛蚴侵入螺体发育至尾蚴约需1个月。尾蚴自螺体逸出，在水中遇到牛、羊直接经皮肤侵入，移行至肠系膜血管内发育为成虫。在终末宿主体内发育为成虫需2~3个月。

（四）临床症状

病程多为慢性经过。患畜表现为精神不振，贫血、黄疸、消瘦、发育不良、下颌及胸腹下水肿，长期腹泻，粪便中混有黏液、黏膜和血丝。病情后期骨瘦如柴，因恶病质死亡。幼牛和羔羊发育不良，妊娠牛易流产。

人主要因与污染了的水接触而感染，感染后几小时，皮肤出现米粒大的红色丘疹，1~2 d内发展成绿豆大小，周围有红晕及水肿，有时可连成风疹团，剧痒。挠痒破溃后继发感染。

（五）病理变化

尸体消瘦，贫血，腹腔内有大量积水，肠系膜淋巴结水肿。肝病变明显，表面凸凹不平，上有大小不等散在的灰白色虫卵结节，质硬。肝病初肿大，后期萎缩、硬化。小肠壁肥厚，黏膜上有出血点或坏死灶。肠壁血管、肠系膜静脉及门静脉中可发现虫体，绵羊可达万条，牛可达数万条之多。

（六）诊断

根据流行病学、致病作用、临床症状及粪便检查确诊。粪便检查用毛蚴孵化法。因东毕吸虫排卵数少，在粪检时应采集较多的粪便。必要时可进行尸检，若在肠系膜静脉内或肝内发现大量虫体即可确诊。

（七）治疗

治疗可选用以下药物。

硝硫氰胺：绵羊50 mg/kg体重，一次口服；牛20 mg/kg体重，连用3 d为1个疗程；也可用2%混悬液静脉注射，绵羊2~3 mg/kg体重，牛1.5~2.0 mg/kg体重；另外，用剂量为15 mg/kg体重配成10%的悬混液经第3胃给药，对牛羊有较好的疗效。

六氯对二甲苯：绵羊100 mg/kg体重，一次口服；牛350 mg/kg体重，一次口服，连用3 d。

吡喹酮：牛、羊30~40 mg/kg体重，一次口服，每天一次，2 d为1个疗程。

（八）防治

1. 消除感染源

在流行区每年对人、畜进行普查，对病人、病畜及带虫者进行治疗，消除感染源。

2. 粪便处理

人畜粪便经生物热发酵处理后再作肥料。

3. 饮水卫生

保持饮水清洁，防止被污染；不饮地表水，必须饮用时，须加入漂白粉，杀死尾蚴后方可饮用。

4. 牛群管理

避免在有淡水螺滋生地放牧；禁止病牛调动；老龄及病情较重的牛应淘汰更新。

5. 消灭中间宿主

可采用物理、化学和生物等方法灭螺。化学灭螺常用药物可选用五氯酚钠、氯硝柳胺、生石灰及溴乙酰等。

二、日本分体吸虫病

日本分体吸虫病又称血吸虫病。本病是由分体科分体属的日本分体吸虫寄生于人和牛、羊等多种动物的门静脉系统的小血管引起的疾病。主要特征为急性或慢性肠炎，肝硬化，贫血，消瘦。是一种危害极其严重的人兽共患寄生虫病。

（一）病原体

日本分体吸虫，雌雄异体，呈线状。

雄虫为乳白色，长10~20 mm，口吸盘在体前端，腹吸盘在其后方，具有短而粗的柄与虫体相连。雄虫有抱雌沟，雌虫常居其中，二者常呈雌雄合抱状态。生殖孔开口在腹吸盘后抱雌沟内。没有咽。两条肠管从腹吸盘之前起，在虫体后1/3处合并为1条。睾丸

7个，呈椭圆形，在腹吸盘后串珠状排列。

雌虫呈暗褐色，长15~26 mm。卵巢呈椭圆形，位于虫体中部偏后两肠管之间。输卵管折向前方，在卵巢前与卵黄管合并形成卵膜。子宫呈管状，位于卵膜前，内含50~300个虫卵。卵黄腺呈分支状，有规则，位于虫体后端。生殖孔开口于腹吸盘后方。虫卵呈椭圆形，淡黄色，没有卵盖，卵壳薄，卵内含有毛蚴。虫卵大小为（70~100）pm×（50~65）pm。

（二）生活史

（1）中间宿主。钉螺。

（2）终末宿主。主要为人和牛；羊、猪、马、犬、猫、兔及部分啮齿类和野生哺乳动物也可以被感染。

（3）发育过程。成虫一般以雌雄合抱状态寄生于终末宿主的门静脉和肠系膜静脉内。雌虫产出的虫卵，一部分随着血液循环到达肝，一部分堆积在肠壁形成结节。虫卵在肝和肠壁发育成熟，其内毛蚴分泌溶组织酶，破坏血管壁，并致周围肠黏膜组织出现炎症和坏死，同时借助肠壁肌肉收缩，虫卵进入肠腔，随粪便排出体外。虫卵落入水中，在适宜条件下很快孵出毛蚴，毛蚴遇中间宿主钉螺钻入体内，发育为母胞蚴、子胞蚴、尾蚴。尾蚴离开螺体游于水表面，遇到终末宿主后经皮肤钻入到小血管或淋巴管，后随着血液循环最终到达肠系膜静脉和门静脉内发育为成虫。

（4）发育时间。虫卵在水中、25~30 °C、pH值在7.4~7.8时，几个小时即可孵出毛蚴；侵入中间宿主体内的毛蚴发育为尾蚴约需3个月；侵入黄牛、奶牛、水牛体后尾蚴发育为成虫分别需要39~42 d、36~38 d和46~50 d。

（5）成虫寿命。一般为3~4年，在黄牛体内可达10年以上。

（三）流行病学

（1）感染来源。患病或带虫的终末宿主牛和人等，虫卵存在于粪便中。

（2）感染途径。终末宿主主要经皮肤感染，也可通过口腔黏膜感染，还可经胎盘感染。

（3）繁殖力。1条雌虫1 d可产卵1 000个左右。1个毛蚴在钉螺体内经无性繁殖，可产出数万条尾蚴。尾蚴在水中遇不到终末宿主时，可在数天内死亡。

（4）地理分布。广泛分布于长江流域及以南地区。钉螺阳性率与人、畜的感染率呈正相关，病人、畜的分布与钉螺的分布相一致，具有明显的地区性特点。钉螺的存在对本病的流行起着决定性作用。钉螺阳性率高的地方一般是本病的高发地区。在流行区内，钉螺常于3月开始出现，4—5月和9—10月是繁殖旺季，多见于江河边、沟渠旁、湖岸、稻田、沼泽地等。掌握钉螺的分布及繁殖规律，对防治本病具有重要意义。

（5）流行特点。黄牛的感染率和感染强度高于水牛。黄牛年龄越大，阳性率越高。而水牛随着年龄增长，其阳性率则有所降低，并有自愈现象。在流行区，水牛由于接触“疫水”频繁，故在传播上可能起主要作用。

（四）主要症状

犊牛和犬的症状较重，羊和猪较轻。黄牛比水牛明显，幼龄比成年表现严重，成年水牛多为带虫者。犊牛多呈急性经过，主要表现为食欲不振，精神沉郁，体温升至40℃以上，可视黏膜苍白、水肿，运动无力，消瘦，最后因衰竭死亡。慢性病例表现为消化不良，发育迟缓，甚至完全停滞，食欲不振，下痢，粪便含有黏液和血液，甚至块状黏膜、恶臭。母牛不孕、流产。

人感染后先出现皮炎，随后咳嗽、多痰、咯血，继而发热、下痢、腹痛等。后期出现肝、脾肿大，肝硬化，腹水增多（俗称大肚子病），病人逐渐消瘦、贫血，常因衰竭而死亡。幸存者体质极度衰弱，成人丧失劳动能力，妇女不育，孕妇流产，儿童发育不良。

（五）病理变化

尸体消瘦、贫血、腹水增多。主要变化为虫卵沉积于血管、肝，以及心、肾、脾、胰、胃等器官组织形成虫卵结节，即“虫卵肉芽肿”。主要病变在肝和肠壁，肝脏表面凸凹不平，表面和切面有米粒大灰白色虫卵结节，初期肝肿大，后期肝萎缩、硬化。严重感染时肠壁肥厚，表面粗糙不平，有虫卵结节，尤以直肠最为严重。肠系膜淋巴结肿大，脾肿大明显，肠系膜静脉和门静脉血管壁增厚，血管内有大量雌雄合抱的虫体。

（六）诊断

主要通过流行病学调查，结合临床症状、粪便检查和剖检变化进行综合诊断。

粪便检查采用尼龙筛淘洗法或毛蚴孵化法。剖检时只要发现虫体和虫卵结节就可以确诊。生前诊断还可用间接血凝试验（IHA）、酶联免疫吸附试验（ELISA）或环卵沉淀试验、皮内试验等。

（七）治疗

吡喹酮：30 mg/kg体重，一次口服，最大用药量黄牛不超过9 g，水牛不超过 10.5 g，体重超过部分不计药量。为治疗人和牛、羊等的首选药。

六氯对二甲苯：用于急性期病例，黄牛120 mg/kg体重，水牛90 mg/kg体重，口服，每天一次，连用10 d。黄牛每天最大用药量为36 g，水牛为36 g。20%油溶液，按40 mg/kg体重，每天注射一次，5 d为1个疗程，15 d后再注射一次。

硝硫氰胺：60 mg/kg体重，一次口服，最大用药量黄牛不能超过18 g，水牛不能超过24g，也可配成1.5%~2.0%的混悬液，黄牛2 mg/kg体重，水牛每千克体重 1.5 mg/kg体重，一次静脉注射。

硝硫氰醚：牛5~15 mg/kg体重，瓣胃注射，也可按20~60 mg/kg体重，一次口服。

（八）防治

本病是危害人类健康的重要人兽共患病之一，应采取人和易感动物同步的综合性防治措施。

（1）消除感染源。流行区每年都应对人和易感动物进行普查，对患病的人畜和带虫者及时进行治疗。严禁人和易感动物接触“疫水”，雨后不放牧，对被污染的水源应作出明显的标志，疫区要建立易感动物安全饮水池。

（2）消灭钉螺，是防治本病的重要环节。可采用化学、物理、生物等方法灭螺。常用化学灭螺，在钉螺滋生处喷洒药物，如五氯酚钠、氯硝柳胺、溴乙酰胺、茶子饼、生石灰等。

（3）粪便发酵。加强终末宿主粪便管理，发酵后再作肥料，严防粪便污染水源。

材料准备

（1）环卵沉淀试验：动物新鲜血清、血吸虫冻干虫卵、标准阳性血清、标准阴性血清。

（2）间接血凝试验：动物新鲜血清、生理盐水、蒸馏水、血吸虫病血凝抗原、标准阳性血清、标准阴性血清。

工具准备

（1）环卵沉淀试验：滴管、载玻片、盖玻片、记号笔、脱脂棉、酒精灯、温箱、计数器、显微镜等。

（2）间接血凝试验：96孔微量血凝板、25 μL和100 μL微量移液器。

人员准备

任务角色	任务内容
组长：	任务：
组员1：	任务：
组员2：	任务：

任务实施

一、环卵沉淀试验

（1）取载玻片，在其中央横轴两侧涂两条平行蜡，蜡间距离与盖玻片宽度相同。

（2）用滴管吸取被检动物血清1~2滴（约25 μL），用针挑取虫卵约100个，放入血清中，并用针搅拌，使虫卵散开，盖好盖玻片，四周用蜡封闭。

（3）将制好的玻片放入湿盒（在有盖托盘中预先放置一层湿纱布），置37 ℃温箱中培养。

（4）48 h后，取出切片在显微镜下观察，记录环沉情况，并计算环沉率。环沉率=（全片阳性反应卵数/全片虫卵数）×100%。

（5）任务结果判定：环沉判定标准，块状反应物面积大于1/8而小于1/2虫卵面积或索状反应物大于1/3而小于1/2虫卵长径，记为“+”或“++”；块状反应物面积大于1/2虫卵面积或索状反应物大于1/2虫卵长径，记为“+++”或“++++”。阳性判定标准：环沉率达5%者为阳性。对于虫体比较小的染色切片应在显微镜下用低倍镜观察，而较大的虫体染色切片应用放大镜观察。

二、间接血凝试验

（1）用微量移液器在血凝板左边第1孔、第2孔、第3孔内分别加入生理盐水100 μL、25 μL、25 μL。

（2）在第1孔内加入被检血清25 μL，用微量移液器反复吸3次混匀，使血清以1∶5的比例稀释。

（3）吸取25 μL第1孔的血清液，加入第2孔，混匀，此孔血清以1∶10的比例稀释。

（4）吸取25 μL第2孔的血清液，加入第3孔，混匀，此孔血清以1∶20的比例稀释。然后吸25 μL此孔血清液丢弃。

（5）如有多份样本，每个样本均按上述操作处理。

（6）阳性对照和阴性对照采用标准血清，也按上述操作处理。另外用生理盐水设空白对照。

（7）用移液器吸取血吸虫病血凝抗原，在各个样本和对照的1∶10和1∶20的稀释孔中分别加25 μL，振荡混匀，置于25~30 ℃条件下1~2 h判定结果。当空白或阴性血清两孔的血细胞全部沉于孔底中央（无圆形红点或仅有小的圆形红点）时，即可判定诊断结果。

（8）任务结果判定标准。

①反应强度判定。红细胞全部下沉到孔底中央，形成紧密红色圆点，周缘整齐为阴性“–”。红细胞少量沉于孔底中央，形成一个较阴性小的红色圆点，周围有少量凝集红细胞为弱阳性“+”。红细胞半数沉于孔底中央，形成一个更小的红色圆点，周围有一层淡红色凝集红细胞为阳性“++”。红细胞75%以上散于孔底斜面，形成一层淡红色薄层为强阳性“+++”。红细胞全部凝集，均匀散于孔底斜面，形成一层淡红色薄层为超强阳性“++++”。

②阳性血清判定。以血清1∶10稀释孔出现阳性（包括弱阳性）时被检血清判定为血吸虫病阳性。

任务检测

任务四 吸虫的粪学检查方法及虫卵识别

任务导入

动物吸虫病是由吸虫引起的一种常见的寄生虫病，它主要通过细小的水螅、螺、淡水鱼和虾等中间宿主进行传播，会导致宿主动物消化系统、肝脏、肺脏等器官受到损害，严重时还可能导致动物大批量的死亡。现实验室提供一定量的新鲜绵羊粪便，要求学生通过已学习的相关技能进行实验室粪便检查。

任务工单

班级____________ 姓名______________ 学号____________

<table>
<tr><td>任务名称</td><td colspan="4">吸虫的粪学检查方法及虫卵识别</td></tr>
<tr><td>任务描述</td><td colspan="4">任务内容：
掌握常见吸虫的粪学检查方法，能够识别不同吸虫虫卵并能描述其特征。
任务目的：
1. 掌握吸虫病常见的实验室诊断方法；
2. 能够通过实验室诊断，提供相对应的防治措施。
任务流程：
1. 实验室材料准备；
2. 实验室工具准备；
3. 实验操作；
4. 实验注意事项及结果鉴定。
任务方法：
1. 直接涂片法；
2. 沉淀法；
3. 毛蚴孵化法。</td></tr>
<tr><td>获取信息</td><td colspan="4">要完成任务，需要掌握相关的知识。请收集资料，回答以下问题。
1. 常见吸虫病的实验室诊断方法有哪些？
2. 常见吸虫病实验室诊断技术过程中的注意事项有哪些？
3. 如何根据实验室诊断结果，做出相对应的防治措施？</td></tr>
<tr><td>制订计划</td><td colspan="4"></td></tr>
<tr><td rowspan="4">任务实施</td><td colspan="4">按照预先制订的工作计划，完成本任务，并记录任务实施过程。</td></tr>
<tr><td>序号</td><td>完成的任务</td><td>遇到的问题</td><td>解决的办法</td></tr>
<tr><td></td><td></td><td></td><td></td></tr>
<tr><td></td><td></td><td></td><td></td></tr>
</table>

任务准备

知|识|准|备

一、虫卵简易检查法

采用直接涂片法，该法简便易行，但检出率低，只能作为辅助检查方法。在载玻片上滴少许50%甘油溶液或清水，取少量粪便混匀，去其粪渣，以涂片半透明能隐约看见字迹为标准，加盖玻片，镜检。

二、沉淀法

本方法原理是吸虫虫卵较大，易沉于管底部，此法多用于鉴别吸虫卵和棘头虫卵。

（一）彻底洗净法

取5~10 g粪便加少许水搅匀，再加入10~20倍水充分搅匀后，用金属筛或纱布将粪液过滤到另一杯中，静置20 min后，倾去上层液，再加清水，混匀，反复多次静置直至上层液透明为止，最后倾去上层液，用吸管吸取沉淀物滴于载玻片上，加盖玻片镜检。

（二）离心沉淀法

取粪便3 g置于小杯中，先加入少量的水将粪便充分搅拌，然后加10~15倍水搅匀，用金属筛或纱布将粪液过滤于另一杯中，然后倒入离心管，用天平配平后放入离心机内，以2 000~3 000 r/min的速度离心沉淀1~2 min，取出后倾去上层液，沉渣反复水洗后离心沉淀，直至上层液透明为止。最后倾去上层液，用吸管吸取沉淀物滴于载玻片上，加盖玻片镜检。本法可以缩短检查时间。

（三）毛蚴孵化法

本法为鉴别鸟毕吸虫的特用方法。取被检粪便30~100 g，经沉淀法集卵后，将沉淀物倒入500 mL三角烧瓶内，加温清水至瓶口，置于22~26 ℃孵化，分别于第1、第3、第5小时，用肉眼或放大镜观察并做记录。必要时吸出，在显微镜下观察。气温高时，毛蚴孵出迅速。因此，在沉淀集卵时应严格掌握换水时间，以免洗去毛蚴而出现假阴性结果。

毛蚴大小一致，呈梭形、灰白色，折光性强；呈直线运动，迅速而均匀，碰壁后折向；多分布在1~4 cm处。

毛蚴易与水中一些原虫如草履虫、轮虫等相混淆。原虫大小不一，形状不定，不透明。不折光；运动缓慢，时游时停，摇摆翻滚，方向不定；分布范围广，各水层均可见。常见吸虫虫卵的鉴别见表2-3。

表2-3　常见吸虫虫卵鉴别表

虫卵名称	形状	颜色	卵壳特征	内含物	寄生动物
肝片形吸虫卵	长椭圆形	黄褐色	薄而光滑，卵盖不明显	被卵黄细胞充满	牛、羊、骆驼等
大片吸虫卵	长椭圆形	黄褐色	薄而光滑，一端有卵盖	被卵黄细胞充满	牛
歧腔吸虫卵	卵圆形，不对称	黄褐色	卵盖明显，壳厚	毛蚴	牛、羊、骆驼、鹿、人等
同盘吸虫卵	长椭圆形	灰白色	卵盖明显，薄而光滑	卵黄细胞偏一侧	牛、羊、骆驼、鹿等
东毕吸虫卵	长椭圆形	浅黄色或无色	一端有小刺，另一端有钮状物	毛蚴	牛、羊
日本分体吸虫虫卵	椭圆形	浅黄色	一端有小刺，无卵盖	毛蚴	牛、羊、猪、人等
华支睾吸虫虫卵	灯泡形	黄褐色	卵壳厚，卵盖较明显	毛蚴	犬、猫、人等

材料准备

（1）直接涂片法：动物新鲜粪便、50%甘油水溶液。

（2）沉淀法：动物新鲜粪便、自来水。

（3）毛蚴孵化法：动物新鲜粪便、灭菌自来水。

工具准备

（1）直接涂片法：载玻片、盖玻片、显微镜等。

（2）沉淀法：粪杯、铜筛（60目）、滴管、金属杯、载玻片、盖玻片、显微镜、离心机、天平、钥勺等。

（3）毛蚴孵化法：粪杯、竹筷、铜筛（40目）、尼龙筛网兜（260目）、三角瓶、脱脂棉、天平、温箱等。

任务实施

步骤一：直接涂片法。

步骤二：沉淀法。

步骤三：毛蚴孵化法。

任务检测

课程思政专栏

日本分体吸虫，俗称“血吸虫”。《七律二首·送瘟神》是毛泽东在1958年6月30日《人民日报》上读到余江县消灭了血吸虫的消息后写下的组诗作品。第1首诗通过对广大农村萧条凄凉情景的描写，反映了旧社会血吸虫病的猖狂肆虐和疫区广大劳动人民的悲惨遭遇；第2首诗写新社会广大劳动人民征服大自然，治山理水，同时大举填壕平沟，消灭钉螺的动人情景。

七律二首·送瘟神

毛泽东

其一

绿水青山枉自多，华佗无奈小虫何！
千村薜荔人遗矢，万户萧疏鬼唱歌。
坐地日行八万里，巡天遥看一千河。
牛郎欲问瘟神事，一样悲欢逐逝波。

其二

春风杨柳万千条，六亿神州尽舜尧。
红雨随心翻作浪，青山着意化为桥。
天连五岭银锄落，地动三河铁臂摇。
借问瘟君欲何往，纸船明烛照天烧。

资料来源：学习强国平台

项目三

识别线虫及线虫病

项目导读

掌握了线虫的形态特征，才能正确区别线虫及其他常见相似蠕虫，从而准确诊断由此引起的寄生虫病。只有准确识别了常见的线虫寄生虫病，才能进行针对性治疗和预防，更好地指导畜牧业生产。

知识目标

1. 熟悉常见线虫的中间宿主。
2. 掌握常见线虫的一般形态结构、生活史和分类。
3. 掌握常见不同种属线虫的虫卵特征。
4. 掌握常见线虫病的分布及发生特点。

技能目标

1. 能进行不同线虫虫卵形态结构的鉴别。
2. 能进行常见线虫病的诊断并根据诊断结果提供相应的防治措施。
3. 能独立完成实验室线虫病粪学检查。
4. 能进行猪旋毛虫病的检验检疫。

素质目标

1. 通过了解本专业的工作前景及社会需求，培养学生的专业认同感。
2. 通过论坛、慕课等平台上实际案例的引用，提升通过互联网拓展学习圈的能力及主动学习的能力。
3. 通过学习猪旋毛虫病的国家标准检测方法，了解各行各业的标准及章程，树立标准意识。

思政目标

1. 科学精神。能够严格遵守实验室规范，尊重实验室数据和结果，坚持真理和客观性。
2. 食品安全。重视动物检疫检验的重要性和必要性。

任务一 线虫的基本构造和蛔虫病病原形态观察

任务导入

教师提供实验室常见的线虫成虫、幼虫、虫卵及中间宿主的各种浸渍标本、切片标本和病理标本，要求学生进行形态结构观察并总结。

任务工单

班级______________ 姓名________________ 学号_____________

<table>
<tr><td>任务名称</td><td colspan="4">线虫的基本构造和蛔虫病病原形态观察</td></tr>
<tr><td>任务描述</td><td colspan="4">任务内容：
观察常见线虫及蛔虫结构特征。
任务目的：
了解线虫的基本构造，掌握动物常见蛔虫的主要形态特征。
任务流程：
1. 浸渍标本；
2. 切片标本；
3. 病理标本。
任务方法：
1. 外部形态观察，学生将代表虫种的浸渍标本置于培养皿中，在放大镜下观察其一般形态，用尺子测量大小；
2. 内部形态构造观察，在生物显微镜或实体显微镜下，观察代表虫种的切片染色标本，主要观察体表、消化系统、生殖系统、排泄系统等。</td></tr>
<tr><td>获取信息</td><td colspan="4">要完成任务，需要掌握相关的知识。请收集资料，回答以下问题。
1. 常见线虫的形态特征有哪些？
2. 常见线虫的生活史有哪些？
3. 常见蛔虫病的病原及防治措施有哪些？</td></tr>
<tr><td>制订计划</td><td colspan="4"></td></tr>
<tr><td rowspan="4">任务实施</td><td colspan="4">按照预先制订的工作计划，完成本任务，并记录任务实施过程。</td></tr>
<tr><td>序号</td><td>完成的任务</td><td>遇到的问题</td><td>解决办法</td></tr>
<tr><td></td><td></td><td></td><td></td></tr>
<tr><td></td><td></td><td></td><td></td></tr>
</table>

任务准备

知|识|准|备

一、线虫的形态结构

（一）形态

线虫一般为圆柱形或纺锤形，有的呈线状或毛发状。前端钝圆，后端较尖细，不分节。活体时为乳白色，吸血的虫体略带红色。线虫大小差别很大，小的仅1 mm左右，如旋毛虫的雄虫，最长可达1 m以上，如麦地那龙线虫的雌虫。寄生性线虫均为雌雄异体，一般为雄虫小，雌虫大。雄虫后端不同程度弯曲，有交合伞或其他辅助构造。线虫整个虫体可分为头、尾、背、腹和两侧。

（二）体壁

线虫体壁由角皮、皮下组织和肌层组成。线虫体表为透明的角皮，表面光滑或有横纹、纵纹等，体表还常有由角皮层参与形成的特殊构造，如头泡、颈翼、唇片、叶冠、尾翼、交合伞、乳突等，有附着、感觉和辅助交配等功能，这些构造的位置、形状和排列，是线虫分类的主要依据。角皮还延续为口囊、食道、直肠、排泄孔。角皮下面有皮下层和肌层，皮下层为原生质，在背腹及两侧的中部原生质比较集中，形成4条纵索，2条侧索内有排泄管，背索和腹索内有神经干。角皮、皮下层和肌层构成体壁。体壁与内脏之间为假体腔，充满液体，线虫的消化系统和生殖系统均在腔内。皮下层下面为肌层，通过纤维素的收缩和舒张使虫体运动。

（三）消化系统

消化系统大多由口腔、咽、食道、肠道、肛门组成。口孔位于虫体头部顶端，口孔与食道之间为口囊，大小和形状因种而异。有的线虫口囊周围有数目不等的唇片或叶冠，口囊内有齿、切板和矛等构造。有的线虫头端有头泡。食道为一肌肉组织构成的管状物，多呈圆柱状，有些呈柱状或漏斗状。有些线虫食道后部膨大形成食道球，食道在形态和分类上具有重要意义。肠道呈管状，位于食道后，其后端为直肠，很短。肛门开口于虫体尾部腹面，雌虫肛门单独开口，雄虫的直肠和肛门与射精管的汇合处为泄殖腔，开口处附近有乳突。

（四）排泄系统

排泄系统有腺型和管型2类，腺型的由1个大的腺体细胞构成，位于体腔内，无尾感器纲一般为腺型。管型由2条排泄管组成，位于侧索内，两管从后向前延伸，并在虫体前端相连，排泄孔在食道附近的腹面中线上，有些线虫无排泄管只有排泄腺。有尾感器纲一般为管型。

（五）神经系统

神经系统的主要部分是位于食道周围的神经环，相当于神经中枢，向前向后各发出6条神经干，分布于虫体各部位，各神经干之间有横连合。虫体其他部位还有单个神经节，线虫的体表有许多乳突，如唇乳突、颈乳突、尾乳突及性乳突等，具有感觉作用，尾部还有1对尾感器，是鉴定分类纲的特性。

（六）生殖系统

生殖系统多数是雌雄异体，生殖器官都是简单的弯曲的管状结构，各器官都彼此相通，仅在形态上略有区别。

雄性生殖器官位于虫体后1/3处，如图3-1所示，为单管型。由睾丸、输精管、贮精囊和射精管组成，开口于泄殖腔。此外虫体尾部还有辅助交配器官，包括交合刺、导刺带、副导刺带、性乳突和交合伞等，形态与结构复杂多样。交合刺一般为2根，包藏在交合鞘内，在交配时有撑开雌虫生殖孔的功能。有些雄虫尾端具有交合伞结构，为对称的叶状膜，由肌质的腹肋、侧肋和背肋支撑，每个叶皆有伞幅肋所支持。肋一般排列对称，分为3组，副肋2对，即前副肋和侧副肋；侧肋3对，即前侧肋、中侧肋和后侧肋；背肋包括1个外背肋和1个背肋，有的在背肋远端分若干个分枝。辅助生殖器官的构造是鉴别线虫种别的重要依据。

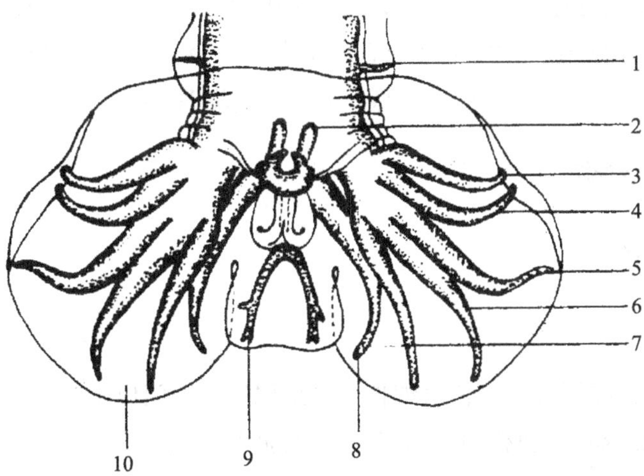

1—伞前乳突；2—交合刺；3—前腹肋；4—侧腹肋；5—前侧肋；6—中侧肋；7—后侧肋；8—外背肋；9—背肋；10—交合。

图3-1　圆形线虫雄虫尾部构造

（张渊，2014）

雌性生殖器官一般由2条细管组成，通常为双管型，少数为单管型。生殖器官包括卵巢、输卵管、受精囊、子宫、阴道和阴门。双管型是有2组生殖器，分别起自虫体的前部和后部，最后由2条子宫汇成一条阴道，阴道的开口是阴门，它的位置变化很大，可在虫体腹面的前部、中部或后部，均位于肛门之前，有些线虫的阴门被由表皮形成的阴门覆盖。

线虫没有呼吸器官和循环系统，寄生在宿主体内进行厌氧呼吸。

二、线虫的生活史

线虫的生殖方式：雌雄虫体在宿主体内交配受精，雌虫产出已经受精成熟的虫卵或含有幼虫的虫卵或幼虫，因此线虫的生殖方式可分为卵生、卵胎生、胎生3类，大部分线虫为卵生。卵生是指有些虫卵内的胚胎未分裂，处于单细胞期，如蛔虫卵；卵胎生是指虫卵内已形成幼虫，如后圆线虫；胎生是雌虫直接产出幼虫，如旋毛虫。

根据线虫在发育过程中是否需要中间宿主，可分为直接发育型（土源性）线虫和间接发育型（生物源性）线虫2种类型。大多数线虫的发育过程中不需要中间宿主直接发育，少数需要中间宿主的参与才能完成发育史，线虫的发育史要经过5个幼虫期，4次蜕化才能发育为成虫。蜕化是幼虫长出一层新角皮，蜕去旧角皮的过程。

（1）直接发育型。虫产卵排出体外后，虫卵在适宜的外界环境中发育成具有感染能力的卵或幼虫。感染性虫卵或幼虫被终末宿主吞食后，幼虫在宿主体内逸出，体内移行或不移行（因种而异），再进行2~3次蜕皮发育为成虫。有蛲虫型、毛尾线虫型、蛔虫型、圆线虫型、钩虫型5种类型。

（2）间接发育型。虫产出的虫卵或幼虫，被中间宿主吞食，在其体内发育为感染性幼虫，幼虫通过中间宿主侵袭动物或被动物吞食而感染。在终末宿主体内经蜕皮后发育为成虫。中间宿主多为无脊椎动物。有原圆线虫型、丝虫型、旋毛虫型、旋尾线虫型、龙线虫型。

三、线虫的分类

（一）尾感器纲

1. 杆形目

（1）类圆科。口腔短或缺，食道细长。雌虫尾短，阴门位于体后1/3处，生殖器官为双管型，卵巢弯曲，卵胎生或胎生。寄生于哺乳动物的肠道。

（2）小杆科。雄虫尾部无尾翼，口腔圆柱状，具有3~6个不发达唇片。

2. 圆线目

（1）毛圆科。小型毛发状虫体，口囊小或无。雄虫交合伞侧叶发达，背叶不明显。雌虫阴门大多数位于虫体后半部，有阴门盖或无。主要寄生于反刍动物消化道。

（2）圆线科。多数有叶冠，口囊发达，其中常具有背沟，基部多数有齿。雄虫交合伞发达，肋典型，交合刺细长。雌虫阴门距肛门近。绝大多数寄生于哺乳动物。

（3）盅口科（毛线科）。口囊小，有或无颈沟，有明显的叶冠。雄虫交合伞发达，背叶显著。种类繁多，形态复杂。寄生于哺乳动物和两栖动物消化道。

（4）网尾科。口缘有4个小唇片，口囊小。雄虫中、后侧肋大部分融合，仅末端分开，交合刺短粗。雌虫生殖孔在中部。寄生于动物呼吸道和肺。

（5）后圆科。口不发达或退化，虫体前端有2个三叶状侧唇。雄虫交合伞小，中侧肋大，后侧肋短小，交合刺细长。雌虫生殖孔在体后部。卵胎生，寄生于哺乳动物呼吸系统。

（6）原圆科。虫体呈毛发状。雄虫交合伞不发达，交合刺呈多孔性栉状。雌虫阴门距肛门近。卵生，寄生于哺乳动物呼吸系统及循环系统。

（7）比翼科。虫体短粗，口囊发达，无齿或切板。雄虫明显小于雌虫，交合伞发达，交合刺等长或不等长。雌虫生殖孔位于体前部或中部。雄虫通常以其交合伞附着于雌虫生殖孔处，构成“Y”形外观，雌雄虫一生均处于交配状态。卵生，寄生于鸟类及哺乳动物呼吸道和中耳。

（8）钩口科。具有大的向背侧弯曲的口囊，口边缘具齿或切板，无叶冠。雄虫交合伞发达。雌虫阴门在中部之前或之后。寄生于哺乳动物的消化道。

（9）冠尾科。虫体粗壮，口囊发达，基部有齿，口缘有退化的叶冠，食道球后部呈花瓶状。雄虫交合刺较粗短。寄生于哺乳动物的肾及周围组织。

（10）裂口科。虫体细长，口腔发达，底部有齿或无齿，口孔周围无叶冠。雄虫交合伞分成2个大侧叶和1个背叶。雌虫阴门位于后部。卵生，寄生于禽类肌胃角质膜下，偶见于腺胃。

3. 蛔目

（1）蛔科。有3个大唇片。食道简单，肌质呈圆柱形，后部无腺胃或盲突。雄虫尾部无尾翼膜，具有多数肛乳突，交合刺无引带。雌虫尾部呈圆锥形，阴门位于虫体前部。卵生，寄生于哺乳动物的肠道。

（2）弓首科。体侧具有颈翼膜，头端具3个唇片，无中间唇，食道肌后部有球形或亚长圆形腺胃。雄虫尾部有指状突起，尾翼膜有或缺，有多对肛前乳突和5对肛后乳突，交合刺等长或稍不等长，无引带。雌虫阴门位于虫体前部，子宫位于虫体后部。卵生，寄生于肉食动物的肠道。

（3）禽蛔科。体侧具有狭侧翼膜，头端钝，口围有3个唇片，食道肌质简单，无食道球或腺胃。雄虫有发达或狭的尾翼膜，尾端尖，具有角质的肛前吸盘，肛乳突大。雌虫尾部呈圆锥形，阴门位于中部。卵生，寄生于鸟类。

4. 尖尾目

（1）尖尾科。虫体小至中等，口围有3个唇片分瓣或不分，无明显的口腔。雄虫尾部钝圆具翼膜。多数无肛前吸盘，交合刺没有，或有1根或2根，有或无引带。雌虫尾部多细长呈锥状，阴门位于体前部，少数在后部。卵生，少数为胎生。寄生于哺乳动物消化道。

（2）异刺科。头端钝，口围有3片唇，口腔小或缺，食道圆柱形，后部具有发达的食道球。雄虫尾尖，具有肛前吸盘和多数肛乳突，交合刺不等长或稍不等长。雌虫尾部长而渐尖，阴门位于体中部附近。卵生，寄生于两栖、爬行、鸟类和哺乳动物的肠道。

5. 旋尾目

（1）吸吮科。虫体细长，体表角皮具有横纹，口无唇或具2个分为3瓣的唇，口腔宽短，食道全肌质呈圆柱形。雄虫尾部弯向腹面，短钝或细长，无尾翼膜，具有多对肛乳突，交合刺不等长，形态不同。雌虫尾部钝，阴门位于食道部或近于肛门。胎生，寄生于哺乳动物、鸟类眼部组织。

（2）尾旋科。口周围有6个柔软组织构成的圆团状结构。寄生于肉食动物。

（3）柔线科。虫体中等大小，体表一侧或两侧具有侧翼，头端具有假唇，口腔圆柱状或漏斗状，食道分短的肌质部和长的腺质部。雄虫尾部旋曲，尾翼膜发达，具有柄乳突和无柄的小乳突，交合刺不等长，有或无引带。雌虫尾部钝圆，阴门近于体中部。卵生，寄生于哺乳动物的胃黏膜下。

（4）华首科（锐形科）。虫体细长，头端具2个大侧唇，头部具有4条角质的饰带，常无侧翼膜，食道分为短的肌质部和粗长的腺质部。雄虫具有尾翼膜，肛前乳突4对和不同数目的肛后乳突具柄，交合刺不等长，形态不同，无引带。雌虫尾部圆锥形，阴门位于体后部。卵生，寄生于鸟类消化道、腺胃或肌胃角质膜下。

（5）颚口科。口具有3片侧唇，唇后接头球，头球有明显的横纹或钩. 雄虫有尾翼膜，上有具柄的乳突数对。交合刺等长或不等长。雌虫阴门位于体后半部。卵生，寄生于鱼类、爬行类和哺乳动物的胃、肠，偶见于其他器官。

（6）泡翼科。虫体粗，头端具有2个大的三角形侧唇，无口囊，食道分肌质部和腺质部。雄虫尾翼膜发达，交合蒯等长或稍不等长，形状相同或不同。雌虫阴门位于体前或后部。卵生，寄生于脊椎动物胃或小肠。

（7）四棱科。虫体两性异形。雄虫体小呈线形，角皮具棘或无棘，尾部尖，无尾翼膜，交合刺不等长，肛乳突小无柄。雌虫体部膨大呈四棱形或有扭曲，头部具2个侧唇，口腔小，尾部尖，阴门近肛门，子宫发达。卵生，寄生于家禽和鸟类腺胃黏膜下。

（8）筒线科。虫体细长，口围有4个或6个小唇，口腔短小呈圆柱状。雄虫尾部具有翼膜，交合刺不等长，形态不同，有或无引带。雌虫尾部钝圆，阴门位于体后半部。卵生，寄生于鸟类和哺乳动物的食道和胃壁。

6. 丝虫目

（1）腹腔丝虫科（丝状科）。虫体细长，角皮有细横纹，口围有角质环。雄虫尾部旋曲，交合刺不等长，形态不同，具4对肛前乳突和3~4对肛后乳突。雌虫尾部弯向背面，阴门位于食道区，子宫位于后部。卵胎生，寄生于哺乳动物的腹腔。微丝蚴具鞘膜，寄生在宿主的血液中。

（2）丝虫科。虫体呈线状，角皮光滑或有细横纹，口简单围有角质环，食道分为两部或不分部。雄虫尾部旋曲，有尾翼膜或缺，交台刺不等长，形状不同，有3~4对肛前和肛后乳突。雌虫尾部尖，阴门位于食道部。卵生，寄生于哺乳动物的结缔组织。

（3）盘尾科。虫体细长呈丝状，角皮具横纹或螺旋纹，口简单无唇，食道分部或不分部。雄虫尾部短，交合刺不等长，形态不同，具多数肛乳突，常呈不对称排列。雌虫尾部呈钝圆或锥形，阴门位于食道部。胎生，微丝蚴无鞘膜。寄生于哺乳动物的结缔组织。

（4）双瓣科。虫体细长，角皮光滑，头乳突小而不显著，食道分肌质部和腺质部。雄虫尾部具尾翼膜或缺，交合刺不等长，形态不同，或等长形态相似，具有肛前和肛后乳突。雌虫尾部长而尖，或短圆钝，阴门位于体前部。胎生，寄生于脊椎动物的心脏或结缔组织。

7. 驼形目

龙线科。虫体细长丝状，雌虫明显长于雄虫。头端圆钝，口简单，食道分短的肌质部和粗长的腺质部。雄虫尾部弯向腹面，尾端尖，交合刺等长或双不等长，有或无肛乳突。雌虫尾部呈圆锥形或具有尾突，阴门位于虫体中部稍后或体后部，虫体成熟时阴门和阴道萎缩。胎生，寄生于鸟类皮下组织，或哺乳动物的结缔组织中，甲壳类动物为中间宿主。

（二）无尾感器纲

1. 毛尾目

（1）毛形科。虫体细小，口简单，食道细长。雄虫尾部具1对圆锥形尾突，无交合刺和刺鞘。雌虫尾端钝圆，阴门位于食道区。胎生，成虫寄生于哺乳动物肠道，幼虫寄生于肌肉。

（2）毛尾科。虫体前部细长，后部明显短粗，口简单无唇。雄虫有交合刺1根。雌虫尾钝圆，阴门位于粗细交界处。卵生，卵壳厚，两端具塞。寄生于哺乳动物的肠道。

（3）毛细科。虫体细长，食道肌质短。雄虫尾部较钝，有1根细长的交合刺。雌虫尾部钝圆，阴门位于体中部前后。卵生，虫卵两端具塞。寄生于脊椎动物的消化道或尿囊。

2. 膨结目

膨结科。大型虫体。角皮具粗横纹，有或无棘。口具唇或无唇。食道长，无后食道球。雄虫尾端有钟形交合伞，但无辐肋，有1根长的单管型交合刺。雌虫阴门在虫体前部或近肛门，阴道甚长。寄生于哺乳动物的肾、腹腔、膀胱和消化道，或鸟类。

四、猪蛔虫病

猪蛔虫病是蛔科蛔属的猪蛔虫寄生于猪的小肠内引起的疾病。仔猪感染率高，主要引起仔猪发育不良，严重的发育停滞，形成“僵猪”，甚至造成死亡。此病在卫生状况差的猪场和营养不良的猪群中，感染率较高。

（一）病原体

猪蛔虫是一种大型虫体，其结构如图3-2所示。虫体呈中间稍粗，两端较细的圆柱形。

活体为淡红色或淡黄色，死后呈黄白或苍白色。头端有3个唇片，呈“品”字形排列，唇之间是口腔，口腔后为食道，呈圆柱形。雄虫体长15~25 cm，宽约0.3 cm，尾端向腹面弯曲，有等长的交合刺1对，泄殖孔周围有许多小乳突。雌虫长20~40 cm，宽约0.5 cm，尾端较直，生殖孔开口于虫体前1/3处。

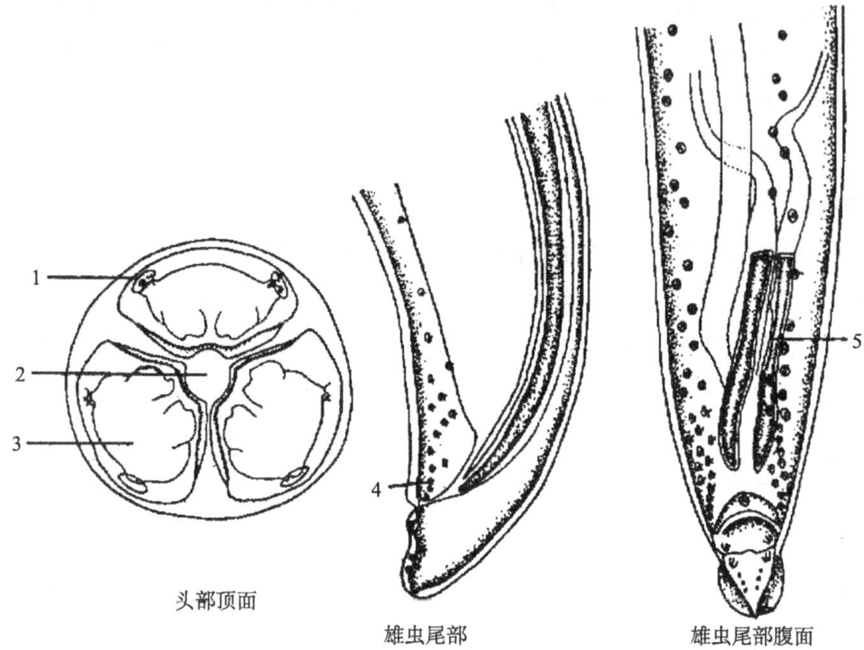

1—乳突；2—口孔；3—唇；4—性乳突；5—交合刺。

图3-2 猪蛔虫结构

（张渊，2014）

虫卵有受精卵和未受精卵之分。受精卵呈黄褐色，椭圆形，卵壳厚，表面粗糙，高低不平，由4层膜构成，最外层的蛋白膜凹凸不平，受精卵内含未分裂的卵胚。虫卵大小为（50~75）μm×（40~80）μm。未受精卵狭长，卵壳薄，多数无蛋白质膜，或有而甚薄，且不规则大小为90 μm×40 μm。

（二）流行病学

本病流行广泛，仔猪多见，特别是当猪场卫生条件差、饲养管理不当，猪群营养不良，饲料中缺乏维生素和矿物质时感染率更高。主要原因是蛔虫生活史简单，猪可通过吃奶、掘土、采食、饮水等途径经口感染该寄生虫，此外还可经母体胎盘感染。猪蛔虫是土源性线虫，发育不需要中间宿主；虫体繁殖力强，产卵数多，虫卵对外界因素抵抗力强。每条雌虫平均每天可产卵10万~20万粒。受精后的虫卵壳厚，有4层膜，对外界环境变化及外界因素的抵抗力强。卵膜保护胚胎不受外界各种化学物质的侵蚀，保持内部湿度和阻止紫外线透过，加之虫卵的全部发育过程都是在卵壳内进行，使胚胎和幼虫得到了保护。受精后的虫卵对各种化学药物也有较强的抵抗力，常用消毒药的浓度不能杀死虫卵，在夏季阳光直射下，至数日内死亡。蚯蚓为猪蛔虫的贮藏宿主，猪也可因吞食含有蛔虫虫卵的蚯蚓而感染。

（三）生活史

猪蛔虫生活史简单，不需要中间宿主。成虫寄生于猪的小肠，雌虫受精后，产出卵随粪便排至体外，在适宜的温度、湿度和充足的氧气等条件下，在卵内发育为第1期幼虫，蜕变为第2期幼虫，经过3~5周后发育为感染性虫卵。猪吞食感染性虫卵后，在小肠内的消化液的作用下，幼虫可脱囊而孵出，钻入肠壁血管，幼虫随血循环到达肝，在肝内进行第2次蜕化，发育为第3期幼虫后随血液经肝静脉、后腔静脉进入心脏和肺动脉部后穿过肺毛细血管，并进入肺泡停留5~6 d，在肺泡内进行第3次蜕化变成第4期幼虫，虫体继续发育，离开肺泡经细支气管和支气管上行至气管，然后随着宿主咳嗽，随痰液进入口腔，经食道、胃重返小肠，进行第4次蜕化，发育为第5期幼虫（童虫），继续在小肠内发育为成虫。虫卵在外界的发育时间为10~30 d，从虫卵感染猪到成虫成熟需2.0~2.5个月，寄生寿命为7~10个月。

（四）致病作用

幼虫阶段与成虫阶段有所不同，幼虫移行时造成各组织器官的损伤，尤其对肝和肺危害严重，幼虫在宿主体内移行时，能造成各部分器官组织的损伤，从而为微生物打开侵入门户，移行到肝时，造成肝小点出血及肝细胞的坏死和变性等；主要损害发生在肺，常引起蛔虫性肺炎，出现咳嗽病状。移行到肺泡时，造成肺出血，严重时引起整个肺的出血性炎症，肺泡和细支气管充满血液。当发育到成虫时致病作用减弱，在小肠内的成虫机械性地刺激小肠黏膜，引起疼痛。引起小肠卡他性炎症，大量寄生可阻塞肠道，出现阵发性痉挛性腹痛，甚至造成肠破裂而引起死亡。蛔虫钻入胆管可引起胆道蛔虫症，病猪剧烈腹痛，并发生阻塞性黄疸。

（五）临床症状

多数成年病猪在轻度感染时病状不明显，为带虫者，是蛔虫病的主要传播来源。仔猪感染后症状较严重，主要表现咳嗽、消化不良、食欲不振、营养不良、被毛粗糙、发育受阻。严重病猪表现为腹痛、下痢、迅速消瘦，贫血，呼吸困难，有时出现神经病状。幼虫移行时，常引起肝脏和肺脏的损伤，进而引起蛔虫性肺炎，嗜酸性白细胞增多，有时会伴有荨麻疹和其他神经症状。大量成虫寄生时，会堵塞肠管，导致肠破裂而死亡。蛔虫幼虫误入胆管，会造成胆道蛔虫，从而表现出消化障碍、剧烈腹痛、呕吐、黄疸等症状。

（六）病理变化

初期可见肺结构致密，表面出现大量出血点及暗红色斑块、坏死灶等。用幼虫分离法检查可在肝、肺和支气管等器官发现大量幼虫。肝组织开始出血、变性和坏死，肝脏表面形成云雾状蛔虫斑（也称“乳斑”）。小肠出现卡他性炎症、出血或溃疡。肠破裂时可见有腹膜炎和腹腔内出血。胆道蛔虫时，胆管可见虫体。病程较长者，有化脓性胆管炎或胆管破裂，肝脏黄染和硬变等。

（七）诊断

根据流行病学和临床症状可做初步诊断。进一步确诊可采用直接涂片法或饱和盐水漂浮法检查粪便中有无虫卵。如无虫卵，而患猪有肺炎表现，则可剖检死猪肝肺组织，进行猪蛔虫幼虫的分离，然后确诊。此外，剖检在肠道发现虫体也可确诊。

（八）治疗

阿维菌素、伊维菌素：对体外寄生虫亦有杀灭作用。有效成分剂量为0.3 mg/kg体重，或0.03 mL/kg体重内服。预混剂每天0.1 mg/kg体重，连用7 d。

丙硫咪唑：剂量为5~20 mg/kg体重，口服。

左旋咪唑：剂量为8 mg/kg体重，拌入饲料内喂服。

（九）防治

猪蛔虫为土源性寄生虫，因此规模化养猪场，要定时进行全群猪的驱虫，驱虫后粪便进行无害化处理，确保杀死虫卵；平时要保持猪圈的干燥与清洁，防止蚯蚓的滋生；对断奶仔猪要多给予富含维生素和矿物质的饲料，以增强抗病力；对断奶到6个月的仔猪进行1~3次驱虫，怀孕猪在产前3个月驱虫；引入猪只时要先进行隔离饲养，进行粪便检查后再混养；常用用具及圈舍应定期用氢氧化钠进行喷洒消毒。

材料准备

（1）浸渍标本：猪蛔虫、马副蛔虫、牛弓首蛔虫、犬弓首蛔虫等。

（2）切片标本：猪蛔虫口唇、鸡蛔虫头端与尾端、猪蛔虫卵、牛弓首蛔虫卵等。

（3）病理标本：猪蛔虫、鸡蛔虫引起的肠道阻塞，猪的胆道蛔虫病等。

工具准备

（1）器械：光学显微镜、手持放大镜、镊子、解剖针、培养皿、载玻片与盖玻片等。

（2）试剂：乳酸酚透明液等。

人员准备

任务角色	任务内容
组长：	任务：
组员1：	任务：
组员2：	任务：

任务实施

步骤一：分别挑取犬弓首蛔虫、猫弓首蛔虫及狮弓首蛔虫的雌雄虫各1条，分别放在载玻片上，滴加乳酸酚透明液2~3滴，在光学显微镜下观察透明虫体的详细构造。

步骤二：在光学显微镜下观察封片标本的形态构造。

步骤三：用肉眼或借助手持放大镜观察虫体浸渍标本及病理标本。

步骤四：注意事项。

（1）乳酸酚透明液具有一定的腐蚀性，因此不宜滴加太多，以防溢出载玻片而腐蚀光学显微镜的载物台。

（2）虫体在滴加乳酸酚透明液后，应尽快放到光学显微镜下进行观察，若虫体透明过度，则不利于虫体内部形态构造的观察。

步骤五：任务总结。

任务检测

任务二 家畜线虫病常见病原形态学观察

任务导入

线虫病常常是由许多个科、属的线虫寄生于同一种宿主体内引起的，这些线虫分布广泛，且多呈混合感染，对家畜造成很大的影响。动物管理教师提供实验室常见的家畜线虫成虫、幼虫及虫卵的各种浸渍标本、切片标本和病理标本，要求学生进行形态结构观察并总结。

任务工单

班级______________ 姓名_________________ 学号_____________

<table>
<tr><td>任务名称</td><td colspan="4">家畜线虫病常见病原形态学观察</td></tr>
<tr><td>任务描述</td><td colspan="4">任务内容：按照教师所提供的各类不同的素材进行观察，根据观察结果进行总结。
任务目的：通过观察，掌握家畜常见线虫的主要形态特征。
任务流程：
1. 浸渍标本；
2. 切片标本；
3. 病理标本。
任务方法：
1. 外部形态观察；
2. 内部形态构造观察。</td></tr>
<tr><td>获取信息</td><td colspan="4">要完成任务，需要掌握相关的知识。请收集资料，回答以下问题。
1. 线虫的分类有哪些?
2. 常见家畜线虫病有哪些?
3. 生殖系统在线虫分类中的重要意义是什么?</td></tr>
<tr><td>制订计划</td><td colspan="4"></td></tr>
<tr><td rowspan="6">任务实施</td><td colspan="4">按照预先制订的工作计划，完成本任务，并记录任务实施过程。</td></tr>
<tr><td>序号</td><td>完成的任务</td><td>遇到的问题</td><td>解决的办法</td></tr>
<tr><td></td><td></td><td></td><td></td></tr>
<tr><td></td><td></td><td></td><td></td></tr>
<tr><td></td><td></td><td></td><td></td></tr>
<tr><td></td><td></td><td></td><td></td></tr>
</table>

任务准备

知|识|准|备

一、牛、羊消化道线虫病

牛、羊消化道线虫病是由许多科、属的线虫寄生于牛、羊等反刍动物消化道内引起的多种线虫病的统称。这些线虫分布广泛，且经常混合感染，造成不同程度的危害，是每年春乏期造成牛、羊死亡的重要原因之一。

该病在全国各地均有不同程度的发生和流行，尤以西北地区、东北地区和内蒙古广大牧区更为普遍，常给养殖业带来严重损失。常见的病原体有以下几种。

（一）毛圆科

1. 血矛属

寄生于真胃，偶见于小肠。在真胃中属大型线虫。虫体线状，呈粉红色，头端尖细，口囊小，内有角质背矛。雄虫长15~19 mm，其交合伞的背肋偏于左侧，呈倒“Y”形。雌虫长27~30 mm，由于红色的消化管和白色的生殖管相互缠绕，形成红白相间的外观，俗称“麻花虫”。阴门位于虫体后半部，有二拇指状的阴门盖。

虫卵大小为（65~80）μm×（35~46）μm。卵壳薄，新鲜虫卵内含16~32个胚细胞。

2. 毛圆属

寄生于小肠和真胃。虫体细小，呈淡红色或褐色，缺口囊和颈乳突。排泄孔位于靠近体前端的凹迹内。雄虫交合伞的侧叶大，背叶极不明显，背肋小，末端分小枝。交合刺短而粗，有引器。阴门位于虫体后半部，无阴门盖，尾端钝。

3. 长刺属

主要为指形长刺线虫，寄生于牛和绵羊的真胃。虫体呈淡红色，雄虫长25~31 mm，交合伞有2个舌片状的侧叶；背叶小，长方形，交合刺细长。雌虫长30~45 mm。

4. 奥斯特属

寄生于真胃。虫体呈棕色，又称棕色胃虫，长4~14 mm。雄虫交合伞由2个大的侧叶和1个小的背叶组成。1对交合刺较短，末端分2~3叉。雌虫阴门在体后部，子宫内的虫卵较小。

5. 马歇尔属

寄生于真胃，与奥斯特属线虫的形态相似，但外背肋和背肋较细长，背肋远端分成2枝，每枝的端部有3个小分叉。常见种有蒙古马歇尔线虫。

6. 古柏属

寄生于小肠、胰，偶见于真胃。虫体呈红色或淡黄色，前端角皮膨大，并有许多横纹，雄虫交合伞侧叶大、背叶小；背肋分叉为“U”形，并有侧小分枝；1对交合刺粗短。常见种有等侧古柏线虫和叶氏古柏线虫。

7. 细颈属

寄生于小肠或真胃，为小肠内中等大小的虫体。虫体前部呈细线状，后部较粗。雄虫交合伞有2个大的侧叶和1个小的背叶；1对交合刺细长，互相联结，远端包在一共同的薄膜内。雌虫阴门开口于虫体的后1/3，或1/4处；尾端钝圆，带有1小刺。虫卵大，成熟时内含8个胚细胞，易与其他线虫卵区别。

（二）食道口科

食道口属虫体，寄生于大肠。虫体较大，呈乳白色。头端尖细，口囊不发达，有内外叶冠及6个环口乳突。雄虫交合伞发达，分叶不明显，有交合刺1对。雌虫生殖孔开口处有肾状排卵器。由于其幼虫在发育时钻入肠壁形成结节，故又称结节虫。危害严重的有哥伦比亚食道口线虫、粗纹食道口线虫、辐射食道口线虫、甘肃食道口线虫。

（三）钩口科

仰口属，寄生于小肠，虫体较粗大，前端弯向背面，故有钩虫之称。口囊大，内有齿及切板。雄虫交合伞发达，腹肋与侧肋起于同一总干，背肋系统的分枝不对称；有交合刺1对，等长，雌虫阴门位于虫体前1/3处的腹面，尾端尖细。

（四）毛尾科

只有毛尾属，寄生于大肠（主要是盲肠）。整个虫体形似鞭子，亦称鞭虫。虫体较大，呈乳白色，前部细长，为其食道部，约占虫体长度的2/3，后部粗大，为其体部。雄虫后端卷曲，有1根交合刺和能伸缩的交合刺鞘。雌虫尾直，末端钝圆，阴门位于虫体粗细交界处。

（五）圆线科

1. 病原体

主要是夏伯特属，亦称阔口线虫，寄生于大肠。虫体大小近似于食道口线虫；前端有半球形的大口囊，口孔由2圈小叶冠围绕。雄虫交合伞发达，1对交合刺较细。雌虫阴门靠近肛门。常见种有绵羊夏伯特线虫和叶氏夏伯特线虫。

2. 流行病学

虫卵和幼虫在发育过程中与温度和湿度的关系极为密切。捻转血矛线虫比其他毛圆科线虫产卵多。第3期幼虫很活跃，虽不采食，但在外界可以长时间保持其生命力。可抵抗干燥、低温和高温等不利因素；多种线虫幼虫可在牧场越冬。在一般情况下，第3期幼虫可生存3个月甚至更长时间。牛、羊粪便和土壤是幼虫的隐蔽场所，感染性幼虫有背地性和向光性反应。在温度、湿度和光照适宜时，幼虫就从牛、羊粪或土壤中爬到牧草；环境不利时又回到土壤中隐蔽，故牧草受幼虫污染时，土壤为主要来源。

牛羊消化道线虫，因虫种的不同，其感染性幼虫对外界环境因素抵抗力也有差异，因此具有一定的地区性。细颈线虫、马歇尔线虫、奥斯特线虫和夏伯特线虫一般在高寒地带多发，而血矛线虫、仰口线虫和食道口线虫在气候比较温暖的地区较为多见。羔羊和犊牛对多数线虫易感，但食道口线虫往往对3月龄以内的羔羊和犊牛感染力低。

3. 生活史

牛羊消化道线虫的发育，从虫卵发育到第3期幼虫的过程基本相似，均属直接发育型。虫卵随宿主粪便排到体外，在适宜的温度和湿度下，经1~2 d从卵内孵出第1期幼虫，再经1周左右蜕皮2次，发育为第3期幼虫。但细颈线虫的幼虫在卵内进行2次蜕皮，到第3期幼虫才从卵壳内钻出，其发育期长约4周。牛羊随吃草或饮水吞食第3期感染性幼虫而被感染，幼虫到达寄生部位后经2次蜕皮，3~4周后发育为成虫。

捻转血矛线虫的发育过程是第3期感染性幼虫被终末宿主吞食后，在瘤胃内脱鞘，之后到真胃钻入黏膜，感染后18~21 d发育成熟。

仰口线虫一种途径是经口感染，另一种途径是经皮肤感染，进入静脉血管，随血循环到心脏，然后到肺再移行到支气管、气管，再被宿主吞咽返回小肠内发育为成虫。

食道口线虫主要经消化道感染。有些虫种（如哥伦比亚食道口线虫）的幼虫进入宿主肠道后，首先钻入肠壁形成结节，在结节内进行2次蜕皮，然后回到肠腔发育为成虫。在宿主体内发育期为4~6周。

毛尾线虫虫卵随粪便排出到外界，在适宜条件下经3~4周发育为感染性虫卵，宿主经口感染后，幼虫在肠内逸出，吸附肠壁，需经12周发育为成虫。

4. 临床症状

急性型少见，因病原种类不同表现各异，常发生于夏末秋初。精神沉郁，食欲减退，腹泻、血便等。

慢性型多发生于冬、春季节，经常为混合感染，大多数以吸食血液为主。主要病状是消化障碍，腹泻，有时粪便带血、黏液、脓汁。患畜贫血，可视黏膜苍白，有时下颌及颈下水肿，羔羊和犊牛发育不良，生长缓慢。

5. 病理变化

各种消化道线虫均会不同程度地引起寄生部位黏膜损伤、出血和炎症，影响宿主机体的消化和吸收功能。多数线虫以吸血为主，分泌有毒物质和代谢产物，损伤造血器官使宿主贫血。食道口线虫的幼虫可引起肠壁结节。

6. 诊断

根据病状、流行特点、剖检变化及粪便检查虫卵进行综合性判断才能确诊。

7. 治疗

治疗消化道线虫病的药物种类很多，可根据虫体种类不同而选择不同的药物。

噻苯唑：牛、羊30~75 mg/kg体重。丙硫咪唑：牛、羊5~10 mg/kg体重。甲苯咪唑：牛、羊10 mg/kg体重。以上药物均应配成混悬液或溶于水中口服。伊维菌素：牛、羊200 mg/kg体重，皮下注射或口服。同时施以对症治疗。

8. 防治

根据本地区的流行情况，每年春、秋季节各进行一次驱虫；加强饲养管理，避免在潮湿地带和幼虫活跃的时间放牧，减少感染概率；注意饮水卫生，合理补充维生素和矿物质，提高机体抗病力；全面规划牧场，有计划地进行轮牧；冬、春季节适当给予补饲。

二、牛羊肺线虫病

牛、羊肺线虫病是由网尾科网尾属、原圆科多个属的线虫，寄生于反刍动物的肺部所引起的疾病。网尾科的线虫较大，又称大型肺线虫，主要包括胎生网尾线虫和丝状网尾线虫；原圆科的线虫较小，又称小型肺线虫，包括缪勒属、原圆属、囊尾属、刺尾属和新圆属的虫体。

（一）病原体

丝状网尾线虫，寄生于绵羊、山羊、骆驼等反刍兽的支气管，有时见于气管和细支气管。虫体呈细线状，乳白色，口囊小，口缘有4片小唇，交合刺2根，为多孔性结构，棕黄色或黄褐色，肠管好似1条黑线穿行于体内。雄虫长30 mm；交合伞发达，后侧和中侧肋合而为一，末梢分开；两个背肋末端部有3个小分枝。交合刺呈靴形。雌虫长35.0~44.5 mm，阴门位于虫体中部附近。虫卵椭圆形，内含幼虫。

胎生网尾线虫，寄生于牛、骆驼和多种野生反刍动物的肺泡、支气管和气管内，卵胎生。虫体非常纤小，肉眼勉强见到，雄虫长40~50 mm，交合伞不发达，中侧肋与后侧肋完全融合，交合刺呈黄褐色，背肋不分枝或仅末端分枝，或有其他形态变化。雌虫长60~80 mm，阴门靠近体后端，位于虫体中央部分，其表面略突起呈唇瓣状。虫卵呈椭圆形，大小为84 μm×51 μm，内含第1期幼虫。

（二）流行病学

网尾线虫幼虫耐低温，特别是丝状网尾线虫，通常在4~5 ℃时，幼虫可以发育，并且可以保持生命力达3个月以上。被雪覆盖的粪便，在−40~−20 ℃气温下，其中的感染性幼虫仍不死亡。温暖季节对其生存极为不利，干燥和日光直射可使其迅速死亡，蚯蚓可作为贮藏宿主。胎生网尾线虫的幼虫对低温、干燥抵抗力均强，在中间宿主体内可生存2年之久，喜潮湿，阴雨环境。

（三）生活史

丝状网尾线虫为直接发育型，不需要中间宿主，虫卵产出后，随宿主咳嗽，经气管、细支气管，虫卵混合在痰液进入口腔，被咽下，转入消化道，卵内幼虫多在大肠孵化，孵化出的幼虫（第1期幼虫）随粪便排至体外。在适宜的温度、湿度条件下，经过1周，第1期幼虫蜕化后变为感染性幼虫，感染性幼虫被宿主吞食后，幼虫进入肠系膜淋巴结，经淋巴循环到右心，随血循到肺发育为成虫。由感染至发育为成虫需2~3周。

胎生网尾线虫属间接发育型，需要中间宿主，中间宿主为多种螺蛳和蛞蝓。第1期幼虫随着粪便排出后，进入中间宿主体内经过18~49 d发育为感染性幼虫，感染性幼虫从中间宿主体内逸出或留在体内，被终末宿主吞食后而感染。移行路线同网尾线虫，感染后35~60 d发育成熟。

（四）临床症状

病畜表现为阵发性咳嗽，尤其是清晨和夜间明显。咳出的痰液中可含有虫卵、幼虫或成虫。鼻孔中常常排出脓性黏液分泌物，干涸后在鼻孔周围形成痂皮，常打喷嚏，呼吸加快或呼吸困难，体温一般不高。羔羊和犊牛病状严重，表现为发育受阻，甚至死亡。成年动物病状较轻。网尾线虫可引起牛的变态反应性疾病，造成呼吸困难、死亡。

（五）病理变化

幼虫移行期可引起肠黏膜、淋巴结和肺的损伤和小的出血点。寄生于支气管和细支气管后，由于刺激作用而引起气管炎和支气管炎，炎症可扩散到支气管周围组织，并引起肺萎缩，大量虫体及炎性产物可堵塞支气管和肺泡，从而引起肺膨胀不全，继发细菌感染导致广泛性肺炎。

（六）诊断

根据流行病学特点、临诊病状，结合粪便中发现第1期幼虫而确诊。死后剖检可在支气管内发现虫体和相应病变。

（七）治疗

丙硫咪唑：5~10 mg/kg体重内服，效果较好。乙胺嗪：100~200 mg/kg体重混饲用于羊，该药适用于网尾线虫的童虫，对成虫效果较差，对小型肺线虫也有一定的驱除作用。伊维菌素：0.2~0.3 mg/kg体重混于饲料内服，屠宰前14 d停药。氯乙酰肼：对网尾线虫和部分胎生线虫都有效，但对幼虫和缪勒线虫无效，15 mg/kg体重内服，本品安全范围小，体重300 kg以上的牛不超过5 g，体重25 kg以上的羊不超过0.4 g。

（八）防治

可在冬末春初进行预防性驱虫，保持牧场清洁干燥，注意饮水卫生，加强粪便无害化处理，尽量避免到潮湿和中间宿主多的地方放牧，有条件可进行轮牧。

材料准备

1. 浸渍标本

网尾科线虫：丝状网尾线虫和胎生网尾线虫等。

毛圆科线虫：捻转血矛线虫、奥斯特属线虫等。

钩口科线虫：羊仰口线虫和牛仰口线虫等。

盅口科线虫：哥伦比亚食道口线虫和粗纹食道口线虫等。

毛尾科线虫：猪毛尾线虫和绵羊毛尾线虫等。

毛形科线虫：旋毛虫等。

2. 封片标本

动物横纹肌中的旋毛虫幼虫、颚口线虫的中间宿主（剑水蚤）等。

3. 病理标本

后圆线虫引起猪支气管堵塞、食道口线虫幼虫引起动物肠道的结节病变、毛尾线虫头部钻入动物肠壁、钻入动物胃壁的颚口线虫等。

工具准备

显微镜、培养皿、载玻片、盖玻片、尺子、放大镜等。

人员准备

任务角色	任务内容
组长：	任务：
组员：	任务：

任务实施

步骤一：挑取捻转血矛线虫或粗纹食道口线虫的雌雄虫各1条，分别放在2张载片上，滴加乳酸酚透明液1~2滴，盖上盖片，在光学显微镜下观察透明虫体的详细构造。

步骤二：在光学显微镜下观察封片标本的形态构造。

步骤三：用肉眼或借助手持放大镜观察虫体浸渍标本及病理标本。

步骤四：注意事项。

（1）乳酸酚透明液具有一定的腐蚀性，因此不宜滴加太多，以防溢出载玻片而腐蚀显微镜的载物台。

（2）虫体在滴加乳酸酚透明液后，应尽快放到光学显微镜下进行观察，若虫体透明过度，则不利于虫体内部形态构造的观察。

（3）雄虫尾端交合伞常包裹在一起，可用解剖针轻轻移动盖玻片，让交合伞展开，以观察交合伞内肋的形态。

步骤五：任务总结。

任务检测

任务三 旋毛虫病的识别及检疫技术

任务导入

人兽共患线虫病，尤其是旋毛虫病是一种非常重要的寄生虫病，严重威胁人类和动物尤其是猪的健康和生命安全，它也是动物及动物产品检验检疫过程中重要的检测项目。

任务工单

班级__________ 姓名__________ 学号__________

<table>
<tr><td>任务名称</td><td colspan="4">旋毛虫病的识别及检疫技术</td></tr>
<tr><td>任务描述</td><td colspan="4">任务内容：
识别猪旋毛虫病；通过压片法、消化法等进行检疫。
任务目的：
1. 掌握旋毛虫的形态特征及生活史；
2. 掌握肌肉旋毛虫压片镜检法、消化法等的操作步骤。
任务流程：
1. 识别旋毛虫成虫及幼虫形态结构；
2. 旋毛虫肌肉压片镜检法；
3. 旋毛虫集样消化法；
4. 实验注意事项及结果处理。
任务方法：
1. 对形态结构进行肉眼及低倍显微镜镜检；
2. 肌肉压片法；
3. 集样消化法。</td></tr>
<tr><td>获取信息</td><td colspan="4">要完成任务，需要掌握相关的知识。请收集资料，回答以下问题。
1. 旋毛虫的形态特征及寄生部位有哪些？
2. 旋毛虫病的临床症状和病理变化有哪些？
3. 旋毛虫病的检疫方法有哪些，检疫后应如何处理？</td></tr>
<tr><td>制订计划</td><td colspan="4"></td></tr>
<tr><td rowspan="4">任务实施</td><td colspan="4">按照预先制订的工作计划，完成本任务，并记录任务实施过程。</td></tr>
<tr><td>序号</td><td>完成的任务</td><td>遇到的问题</td><td>解决的办法</td></tr>
<tr><td></td><td></td><td></td><td></td></tr>
<tr><td></td><td></td><td></td><td></td></tr>
</table>

任务准备

知识准备

旋毛虫病是由毛形科毛形属的旋毛虫寄生于多种动物和人体内引起的一种人兽共患病。成虫和幼虫寄生于同一宿主体内，成虫寄生于小肠，称为肠旋毛虫，幼虫寄生于肌肉组织，称为肌旋毛虫。

一、病原体

成虫细小，呈线形，白色，肉眼几乎难以识别，前部为食道部较细，较粗的后部包含着肠管和生殖器官。雄虫长1.4~1.6 mm，尾端有泄殖孔，有2个呈耳状悬垂的交配叶，无交合刺和交合伞。雌虫长3~4 mm，阴门位于身体前部（食道部）的中央，胎生。成虫寄生于终末宿主小肠，称为肠旋毛虫。幼虫长1.0~1.5 mm，刚产出的幼虫呈圆柱状，长为80~120 μm，感染后30 d长到1 mm，幼虫感染后17~20 d开始卷曲并形成包囊，包囊呈圆形、椭圆形或梭形。寄生于宿主横纹肌内，称为肌旋毛虫。

二、流行病学

旋毛虫病属世界性分布，宿主范围广，猪、犬、猫、鼠是旋毛虫病的主要传染源，其次是野猪、狐、狼、貂、熊和黄鼠狼等。其中猪是人类旋毛虫病的主要传染源，鼠是猪旋毛虫病的主要感染来源。包囊幼虫的抵抗力很强，在−20 ℃时可保持生命力57 d，高温70 ℃才能杀死包囊内幼虫，盐渍和熏烤制品不能杀死肌肉深部的幼虫，在腐败的肉里能活100 d以上。

动物感染旋毛虫主要是因为吞食含有包囊幼虫的肌肉或动物，用生的病肉、洗肉水和含有病肉的废弃物喂猪都可引起感染猪旋毛虫。人感染旋毛虫病多与食用腌制或烧烤不当的猪肉制品有关，个别地区有吃生肉或不熟肉的习惯；某些动物的蝇蛆、步行虫或某些动物排出的含有未被消化的幼虫包囊，均可成为感染源。

三、生活史

成虫与幼虫寄生于同一宿主，为胎生。动物和人感染时，先为终末宿主，后成为中间宿主。终末宿主因摄食了含有包囊幼虫的动物肌肉而受感染。包囊在宿主胃内被溶解，释放出幼虫，在十二指肠和空肠内经两昼夜发育成为成虫。雌雄虫交配后，不久雄虫死亡。雌虫钻入肠腺或肠黏膜下淋巴间隙发育经过7~10 d后，产出大量幼虫，1条雌虫可产出1 000~10 000条幼虫，幼虫随淋巴进入血液循环，散布到全身，但只有到横纹肌的幼虫才能继续发育。感染后21 d开始形成包囊，每个包囊一般只有1条虫体，偶有多条。到7~8周后发育完全，幼虫呈螺旋状盘曲，此时即有感染力，并有雌雄之分。6个月后，包囊壁增厚，从两端向中间钙化，全部钙化并波及虫体本身后会导致虫体死亡，否则幼虫可长期生存，保持生命力可达25年，此时动物为中间宿主。

四、临床症状

旋毛虫主要对人危害较大，但危害程度与感染强度和人体抵抗能力的强弱不同有关，严重感染可造成死亡，而对猪和其他动物致病力较轻。肌旋毛虫寄生时主要表现为急性肌炎，发热和肌肉疼痛；同时出现吞咽、咀嚼、行走和呼吸困难；眼睑水肿，食欲不振，极度消瘦。严重感染时多因呼吸肌麻痹、心肌及其他脏器的病变而引起死亡。

动物对旋毛虫耐受性较强，家畜感染时往往症状不明显，严重感染初期，表现为食欲不振、呕吐和腹泻的肠炎病状，随后出现肌肉疼痛、步伐僵硬，呼吸和吞咽亦有不同程度的障碍，有时眼睑、四肢出现水肿，很少死亡，4~6周后症状逐渐消失。

五、病理变化

成虫侵入黏膜时，可引起肠炎，严重的会出现带血性腹泻，还会产生水肿、黏膜增厚等。肌旋毛虫寄生时引起肌细胞横纹消失、细胞萎缩、肌纤维结缔组织增生。

六、诊断

生前诊断可采用间接血凝试验和酶联免疫吸附试验等免疫学方法。死后诊断可用肌肉压片法和消化法检查幼虫。

肌肉压片镜检法，取可疑肌肉（最好选用膈肌脚）撕去肌膜，顺肌纤维方向剪下米粒大小的肉样28粒，使肉粒均匀地在玻片上排列，用另一玻片挤压，置显微镜下检查，发现包囊幼虫可确诊。在感染早期和轻度感染时此法检出率不高。

七、治疗

可用甲苯咪唑、氟苯咪唑和丙硫咪唑等。人体可用甲苯咪唑和噻苯唑。在驱虫的同时，应对症治疗。

八、防治

加强肉品卫生检验，凡检出旋毛虫的肉类应按肉品检验规程做无害化处理；猪必须圈养，不用生肉屑和泔水喂猪；改善食肉方法，不生食猪肉或半生不熟的肉类食品；禁止用生肉喂猫、犬等食肉动物；猪舍内做好灭鼠工作。

材料准备

（1）压片镜检法。被检肉样（最好选用膈肌脚）、50%甘油水溶液、10%稀盐酸等。

（2）集样消化法。被检肉样、0.04%胃蛋白酶溶液、盐酸等。

工具准备

（1）压片镜检法。载玻片、剪刀、镊子、天平、显微镜等。

（2）集样消化法。组织捣碎机、采样盘、搅拌器、基数镜检台、集虫器、载玻片、烧杯、剪刀、镊子、天平、温度计、显微镜等。

人员准备

任务角色	任务内容
组长：	任务：
组员：	任务：

任务实施

一、旋毛虫压片镜检法

步骤一：采样。自胴体左右两侧横膈膜的膈肌脚，各采膈肌1块（与胴体编成相同号码），每块肉样不少于20 g，记为1份肉样，送至检验台检查。如果被检样品为部分胴体，则可从肋间肌、腰肌、咬肌等处采样。

步骤二：肉眼检查。撕去被检样品肌膜，将肌肉拉平，在良好的光线下仔细检查表面有无可疑的旋毛虫病灶。未钙化的包囊呈露滴状，半透明，细针尖大小，较肌肉的色泽淡；随着包囊形成时间的增加，色泽逐步变深为乳白色、灰白色或黄白色。若见可疑病灶，做好记录且告知总检将可疑肉尸隔离，待压片镜检后做出处理决定。

步骤三：制片。取清洁载玻片1块放于检验台上，并尽量靠近检验者。用镊子夹住肉样顺着肌纤维方向将可疑部分剪下。如果无可疑病灶，则顺着肌纤维方向在肉块的不同部位剪取28个麦粒大小的肉粒。将剪下的肉粒依次均匀地附贴于载玻片上。然后，再取一清洁载玻片盖放在肉片的载玻片上，并适度用力捏住两端轻轻加压，把肉粒压成很薄的薄片，以能通过肉片标本看清下面报纸上的小字为标准。

步骤四：镜检。把压片标本放在低倍（4×10）显微镜下，从压片一端第1块肉片处开始，顺肌纤维依次检查。镜检时应注意光线的强弱及检查速度，切勿漏检。

步骤五：结果判定。

（1）没有形成包囊的幼虫，在肌纤维之间呈直杆状或逐渐蜷曲状态，但有时因标本压得太紧，可使虫体挤入压出的肌浆中。

（2）包囊形成期的旋毛虫。在淡黄色背景上，可看到发光透明的圆形或椭圆形物。包囊的内外两层主要由均质透明蛋白质和结缔组织组成，囊中央是蜷曲的虫体。成熟的包囊位于相邻肌细胞所形成的梭形肌腔内。

二、旋毛虫集样消化法

步骤一：采样。首先确定群检分组的头数，每组头数的大小可根据各地区旋毛虫病的发生情况而定，即在旋毛虫病的低发病地区采取5~10头猪为1组，而常年未检出旋毛虫的地区每组可增加到30~50头或100头为1组。这样既能因地提高检验工效，又不致使旋毛虫检验流于形式。如果以10头猪为1组，其分组情况应按生产流水线上胴体编号1~10、11~20、21~30……顺序。每头猪取横膈膜肌脚2 g，每组10头肉样，共20 g，依次放在序号相同的采样盘或塑料袋内送检。

步骤二：捣碎。按采样盘顺序，每次取1组（20 g），置捣碎机容器中，加入0.04%胃蛋白酶溶液100 mL（按每10 g肉样加50 mL酶溶液的比例），徐徐启动捣碎机，转速由8 000 r/min逐渐增加到16 000 r/min。捣碎约30 s至肉样呈颗粒或絮状，并混悬于混浊的消化液中。

步骤三：加热、消化、集虫。取下容器将捣碎液倒入500 mL烧杯中，加入2%的热盐酸溶液100 mL（与酶溶液等量），使温度保持在45 ℃左右。然后将集虫器从液面上小心压入杯中，加入磁棒，将烧杯放在加热磁力搅拌器上，启动转速调节柄，消化液被搅成一漩涡。在45 ℃左右搅拌3~5 min后，回转调节柄，停止搅拌，待磁棒静止后取出磁棒。取出集虫器，卸下集虫筛，用适量清水将筛面物充分洗入表面皿中。

步骤四：镜检。将表面皿移于镜检台的圆孔上，旋转圆盘使表面皿底部中心位于接物镜头下，将表面皿前后、左右晃动数次，使有形成分集中于培养皿底中心，用40倍物镜检查有无旋毛虫虫体、包囊及虫体碎片或空包囊。

步骤五：查病畜胴体。镜检发现阳性时，按圆盘转数（0、1、2、3……）顺序乘以100（每组头数×圆盘孔数）加孔号乘以10（每组头数），即得出该组10头猪的胴体编号。计算公式：圆盘转数×100+孔号×10。例如，阳性组圆盘转数是20，孔号数为3，代入公式为20×100+3×10= 2 030，该组胴体编号即为2021、2022、2023…2030这10个号码。将该10头猪的胴体全部推入修割轨道待查。复查按每2头为一组消化镜检，检出阳性组，再逐头检测，确定病畜胴体。复查时用压片镜检法更快、更方便。

步骤六：任务总结。

任务检测

课程思政专栏

李世满：从基层兽医变身学术大咖

宁夏回族自治区吴忠市红寺堡开发区科技特派员李世满是一名执业兽医师。作为科技特派员，为老百姓诊治病畜禽是李世满工作的主要内容。某天凌晨两点钟，李世满突然被急促的电话铃声吵醒了。城东温某说他家的牛突然发病，产后子宫脱出，请求出诊治疗。他急忙起床，连袜子都没有穿就赶赴现场。不知道多少个夜晚，李世满都是这样走向工作岗位的。节假日不得休息，加班时常到深夜，误餐、失眠成为他生活中的常事。由于经常晚上接电话出诊，孩子总是埋怨他影响休息及第2天上学，而每次回到家，他的鞋上、衣服上总有一股牛粪的臭味，有时顾不得换洗躺下就睡着了，家人也没少抱怨。李世满却如此劝慰家人："农村是我的舞台，我最大的价值就是给病畜看病，解决老百姓的困难。这对我来说，吃点苦受点累不算啥。更何况我是共产党员，不能让老百姓失望"。

他入选自治区青年拔尖人才培养工程、学术技术带头人后备人选，获得全国"百佳基层兽医"等荣誉称号，并先后在《中国兽医杂志》等发表学术论文10多篇，被老百姓尊为"李教授"。

资料来源：学习强国平台

项目四

识别绦虫及绦虫蚴病

项目导读

绦虫及绦虫蚴病是动物蠕虫病中最重要的部分，大多数的人兽共患寄生虫病都是由它们引起的。学习本项目内容有助于促进动物健康保护、保障人类健康和食品安全，同时也有助于为科学研究和防控策略制定提供有效的基础。

知识目标

1. 熟悉常见的中间宿主。
2. 掌握常见绦虫及绦虫蚴的一般形态结构、生活史和分类。
3. 掌握常见不同种属绦虫虫卵的特征。
4. 掌握常见绦虫病的分布及发生特点。

技能目标

1. 能进行不同绦虫虫卵及绦虫蚴形态结构的鉴别。
2. 能进行常见绦虫病的诊断并根据诊断结果提供相应的防治措施。
3. 能独立完成实验室绦虫病粪学检查。

素质目标

1. 通过解读相关文件精神，以强农兴农为己任，增强服务意识。
2. 通过学观察患病器官的病理变化，了解各种动物绦虫蚴病与公共卫生的关系。
3. 通过蠕虫学完全剖检技术，能够拥有良好的团队精神和协作能力。

思政目标

1. 有服务畜牧业的使命感和责任感。
2. 遵守职业道德和法律法规，不违法乱纪，保护人类和动物的合法权益。
3. 积极参与公益事业，推动动物保护和动物医疗事业的可持续发展。

任务一　绦虫及绦虫蚴形态观察

任务导入

教师提供实验室常见的绦虫、绦虫蚴、虫卵及中间宿主的各种浸渍标本、切片标本和病理标本，要求学生进行形态结构观察并总结。

任务工单

班级______________ 姓名________________ 学号_____________

<table>
<tr><td>任务名称</td><td colspan="4">绦虫及绦虫蚴形态观察</td></tr>
<tr><td>任务描述</td><td colspan="4">任务内容：
观察常见绦虫、绦虫蚴、虫卵及中间宿主的结构特征。
任务目的：
了解绦虫的基本构造，掌握动物常见绦虫及绦虫蚴病的防治方法。
任务流程：
1. 浸渍标本；
2. 切片标本；
3. 病理标本。
任务方法：
1. 外部形态观察，学生将代表虫种的浸渍标本置于培养皿中，在放大镜下观察其一般形态，用尺子测量大小；
2. 内部形态构造观察，在生物显微镜或实体显微镜下，观察代表虫种的切片染色标本，主要观察体表、消化系统、生殖系统、排泄系统等；
3. 虫卵及中间宿主的形态观察。</td></tr>
<tr><td>获取信息</td><td colspan="4">要完成任务，需要掌握相关的知识。请收集资料，回答以下问题。
1. 常见绦虫的一般形态特征有哪些？
2. 常见绦虫的生活史有哪些？
3. 常见人兽共患绦虫病的防治方法有哪些？</td></tr>
<tr><td>制订计划</td><td colspan="4"></td></tr>
<tr><td rowspan="4">任务实施</td><td colspan="4">按照预先制订的工作计划，完成本任务，并记录任务实施过程。</td></tr>
<tr><td>序号</td><td>完成的任务</td><td>遇到的问题</td><td>解决的办法</td></tr>
<tr><td></td><td></td><td></td><td></td></tr>
<tr><td></td><td></td><td></td><td></td></tr>
</table>

任务准备

知|识|准|备

一、绦虫的形态和生理

绦虫隶属于扁形动物门、绦虫纲，其中寄生于动物和人体的绦虫以圆叶目和假叶目绦虫为主。

（1）形态。绦虫背腹扁平呈带状。白色或乳白色，虫体大小不同种类之间差异很大，有数毫米的，也有10 m以上甚至25 m以上的。虫体从前至后分为头节、颈节与体节3部分。头节为吸附和固着器官，一般分为3种类型：一是吸盘型，具有4个圆形吸盘，对称地排列在头节的四面，有的绦虫头节顶端中央有顶突，其上有一排或数排小钩；二是吸槽型，在背腹面各具有一沟样的吸槽；三是吸叶型，具有4个长形叶状的吸着器官，分别附在可弯曲的小柄上或直接长在头节上。颈节较纤细，是头节与体节的连接部，体节的节片由颈节从前向后生长而成。体节由数目不等的节片组成，由数节至数千节组成。根据发育程度不同分成3个部分，接颈节的节片由于生殖器官尚未发育成形，称为未成熟节片（幼节）；其后已形成两性生殖器官，称为成熟节片（成节）；最后部分节片的生殖器官萎缩退化，只有充满虫卵的子宫，称为孕卵节片（孕节）。

（2）体壁。绦虫无体腔，体表为表层，其下为肌层，内为实质。无消化系统，通过体表吸收营养物质。

（3）神经系统。神经中枢在头节中，自中枢发出两条大的和几条小的纵神经干，贯穿于各个链节，直达虫体后端。

（4）排泄系统。起始于焰细胞，由焰细胞发出来的细管汇集成为排泄管，与虫体两侧的纵行总排泄管相连，纵行总排泄管在每一体节后缘有横管相通，在最后体节后缘中部有一个排泄孔通向体外。

（5）生殖系统。绦虫为雌雄同体，每个节片中都具有一组或两组雄性和雌性生殖系统。雄性生殖器官有一个至数百个睾丸，呈圆形或椭圆形，输出管互相连接呈网状，在节片中央部附近会合成输精管，输精管曲折向节片边缘，并有两个膨大部，一个在雄茎囊外，称为外贮精囊，另一个在雄茎囊内，称为内贮精囊。输精管末端为射精管和雄茎，雄茎可自生殖腔伸出体节边缘；生殖腔开口处为生殖孔。内贮精囊、射精管、前列腺及雄茎的大部分均包含在圆形的雄茎囊内。

卵膜在雌性生殖器官的中心区域，卵巢、卵黄腺、子宫等均与之相通。卵巢在节片的后半部，一般呈两瓣状，均由许多细胞组成，各细胞有小管，最后汇合成一支输卵管通入卵膜。阴道的膨大部分为受精囊，近端通入卵膜，远端开口于生殖腔的雄茎下方。卵黄腺分为两叶或一叶，在卵巢附近，由卵黄管通向卵膜，子宫一般为盲囊状，并且由袋状分支构成。由于没有开口，虫卵不能自动排出，须孕卵节片脱落破裂时才散出虫卵。假叶目绦虫子宫有子宫孔通向体外，成熟的虫卵可以由子宫孔排出，故子宫没有圆叶目发达。

二、绦虫的生活史

绦虫的生活史较复杂，绝大多数在发育过程中需要1个或2个中间宿主。绦虫的受精方式有同体节受精、异体节受精及异体受精。

圆叶目绦虫成虫寄生于终末宿主的小肠内，孕卵节片（或孕卵节片破裂释放出的虫卵）随粪便排出体外，被中间宿主吞食后，卵内六钩蚴（具有3对小钩的胚胎）逸出，在寄生部位发育为绦虫蚴期，又称为中绦期。如果以哺乳动物作为中间宿主，则在其体内发育为囊尾蚴、多头蚴、棘球蚴等类型的幼虫；以节肢动物和软体动物等无脊椎动物作为中间宿主，则发育为似囊尾蚴。以上各种类型的幼虫被各自固有的终末宿主吞食，在其消化道内发育为成虫。

假叶目绦虫的虫卵随着终末宿主粪便排出体外后，必须进入水中才能继续发育，发育为钩毛蚴（钩球蚴），被中间宿主（甲壳纲昆虫）吞食后发育为原尾蚴，含有原尾蚴的中间宿主被补充宿主（鱼、蛙类或其他脊柱动物）吞食后发育为裂头蚴（实尾蚴），终末宿主食入含有裂头蚴的补充宿主而感染，在其消化道内经过消化液的作用，蚴虫吸附在肠壁上发育成为成虫。

三、绦虫的分类

绦虫隶属于扁形动物门绦虫纲，与动物和人关系较大的有两个目：圆叶目和假叶目，以圆叶目绦虫为多见。

（1）圆叶目。头节上有4个吸盘，顶端常有顶突，其上有钩或无钩。虫体分节明显。生殖孔开口于体节侧缘，无子宫孔，虫卵没有卵盖，内含六钩蚴。主要有以下几个科：

①裸头科。成虫寄生于哺乳动物，幼虫为似囊尾蚴，寄生于无脊椎动物。大、中型虫体，头节上有吸盘，无顶突及小钩。每体节有一组或两组生殖器官。睾丸数目多，子宫为横管或网管状。

②带科。大、中、小型虫体，头节上有4个吸盘，顶突不能回缩，上有2行钩（牛带绦虫除外）。生殖孔明显，不规则地交替排列。睾丸数目众多。卵巢双叶，子宫为管状，孕节子宫有主干和许多侧分支。成虫寄生于鸟类、哺乳动物和人，蚴虫为囊尾蚴、多头蚴或棘球蚴，多寄生于哺乳动物和人。

③戴文科。中、小型虫体，头节顶突上有2圈或3圈斧型小钩，吸盘上有细小的小棘。每节有1套生殖器官（偶有2套），卵袋取代孕节的子宫。成虫一般寄生于鸟类，亦有少数寄生于哺乳动物；幼虫寄生于无脊椎动物。

④膜壳科。中、小型虫体，头节上有可伸缩的顶突，具有8~10个小钩，呈单行排列。节片通常宽大于长，有一套生殖系统，生殖孔为单侧。睾丸大，一般不超过4个。孕节子宫为横管。成虫寄生于脊椎动物，通常以无脊椎动物为中间宿主，个别虫种可以不需要中间宿主而直接发育。

⑤中绦科。中、小型虫体，头节上有4个突出的吸盘，但无顶突。生殖孔位于腹面的中线上。虫卵居于厚壁的副子宫器内。成虫寄生于鸟类和哺乳动物。

（2）假叶目。头节一般为双槽型。分节明显或不明显。生殖器官每节常有1套。孕卵节片子宫常呈弯曲管状。睾丸数目较多，卵黄腺为许多泡状体。卵通常有卵盖，在中间宿主体内发育为原尾蚴，在补充宿主体内发育为能感染终末宿主的实尾蚴，成虫多寄生于鱼类。

四、猪囊尾蚴病

猪囊尾蚴病是由带科带属的猪带绦虫的幼虫猪囊尾蚴寄生于猪的肌肉和其他器官所引起的疾病，又称为猪囊虫病，是重要的人兽共患寄生虫病，是肉食品卫生检验的重要项目之一。猪带绦虫只寄生于人的小肠中。猪囊尾蚴不仅寄生于猪，而且可寄生于人的肌肉、脑、心肌等器官中，往往导致严重后果。

（一）病原体

猪囊尾蚴，也称为猪囊虫，呈椭圆形，白色，米粒大小至黄豆大小的半透明囊泡，大小为（6~8）mm×5 mm，囊内充满囊液，囊壁上有1个嵌入的白色内翻的头节，头节上的构造与成虫相同。其成虫为猪带绦虫（有钩绦虫、猪肉绦虫、链状带绦虫），如图4-1所示，其长2~7 m。头节呈球形，有4个吸盘；在头节顶端有1个顶突，其周围有2排小钩（25~50个）分内外两环交替排列。颈节窄而短，全虫由700~1 000个节片组成。每个节片内有1组生殖系统，睾丸为泡状，有150~300个，分布于节片的背侧。生殖孔略突出，在体节两侧不规则地交互开口。孕卵节片内子宫由主干分出7~12对侧枝。每个孕节含虫卵3万~5万个，孕节单个或成段脱落，未成熟节片宽而短，未成熟节片长度小于宽度，成熟节片接近于正方形，孕卵节片长度大于宽度。

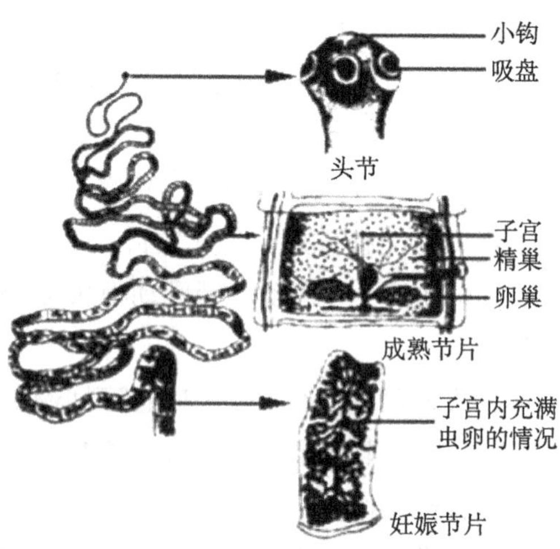

图4-1　猪带绦虫

（杨永宁 等，2024）

虫卵圆形，浅褐色，两层卵壳，外层薄，易脱落，内层较厚，有辐射状的条纹，称胚膜。内含六钩蚴。虫卵大小为31~43 μm。

（二）流行病学

猪囊尾蚴病是一种寄生于猪、人的肌肉及脑等组织所引起的人兽共患寄生虫病。该病呈世界性分布，在我国各地均有散发流行，尤其在东北、华北和西南广大地区常有发生，不仅影响养猪业的发展，还对人类健康造成很大危害。防治猪囊尾蚴病，在公共卫生学上有重要意义。

猪囊尾蚴主要在猪与人之间循环感染。猪的唯一感染来源是链状带绦虫的患者，他们每天向外界排出孕节和虫卵，而且可持续3年甚至20余年。

猪囊尾蚴病的发生和流行与人的粪便管理和猪的饲养管理方式密切相关，猪接触患者粪便的机会越多，越易造成流行。

人是否感染猪带绦虫主要取决于饮食卫生习惯和烹调与食肉方法。如在有吃生猪肉习惯的地区，则呈地方性流行。此外，烹煮时间不够亦可能受感染。

对肉品的检验不严格，病肉处理不当均可成为本病流行因素。

猪带绦虫繁殖力很强，患者每月可排出200多个孕卵节片，每个节片约含4万个虫卵。虫卵在外界抵抗力较强，一般能存活1~6个月。

（三）生活史

中间宿主是猪和野猪。终末宿主是人。

人是猪带绦虫唯一的终末宿主。人因吃生的或未煮熟的含囊尾蚴的猪肉而被感染。人误食入囊尾蚴后，虫体到达小肠后经肠液及胆汁的作用头节外翻，囊壁很快被消化，借助吸盘和小钩固着于十二指肠和空肠处，头节深埋于肠黏膜内，在人小肠内需2~3个月发育为成虫。虫体颈节不断地生长节片，而虫体后端的孕节不断地从链体脱落，因而使虫体能保持相对的长度和节片数。孕节常单独地或5~6节相连地从链体脱落，随粪便排出。排出的孕节仍具有一定的活动力，虫卵散出，污染外界环境。当散出的虫卵被中间宿主猪吞食后，在十二指肠内经消化液的作用，24~72 h后胚膜破裂，六钩蚴逸出，然后借小钩和分泌物的作用，钻入小肠壁，经血循环或淋巴系统到达宿主身体各处肌肉中，在此处，虫体逐渐长大，中间细胞液化形成空腔，充满液体，约经10周后，猪囊尾蚴发育成熟。

人感染囊尾蚴的途径和方式有2种：一是猪带绦虫的虫卵污染人的手、蔬菜等食物，被误食后而受感染；二是自体感染，猪带绦虫的患者发生肠逆蠕动时，脱落后孕节随肠内容物逆行到胃内，卵膜被消化，逸出的六钩蚴返回肠道钻入肠壁血管。移行至全身各处肌肉中而发生自身感染，多见于脑、眼、皮下组织和肌肉等部位。猪囊尾蚴还可在野猪、猫、犬等动物体内寄生。

（四）临床症状

猪囊尾蚴大多寄生在活动性比较大的肌肉中，如咬肌、心肌、舌肌等。轻度感染时一般没有明显的临床症状，重度感染时，可导致营养不良、贫血、水肿、衰竭。胸廓深陷入肩胛之间，前肢僵硬，发音嘶哑和呼吸困难。病猪走路时四肢僵硬、不灵活，反应迟钝。大量寄生于脑部时，可引起严重的神经机能的某种障碍，特别是鼻部的触痛，强制运动，癫痫，视觉扰乱和急性脑炎，有时突然死亡。寄生于眼结膜或舌部表面时可见有豆状肿胀。

猪囊尾蚴寄生于人脑时，多数患者有癫痫发作，头痛、眩晕、恶心、呕吐、记忆力减退或消失，严重的可致死。寄生在眼时可导致视力减弱，甚至失明。寄生于皮下肌肉组织中时，使肌肉酸痛无力。

人患猪带绦虫病后，表现为消瘦、消化不良、腹痛、恶心、呕吐等。主要是由于猪带绦虫头节固着在人的肠壁上，引起肠炎，肠痉挛，导致腹痛，同时夺取大量营养物质使人消瘦。虫体分泌物和代谢物等毒性物质被吸收后，可引起胃肠机能失调和神经病状。

（五）病理变化

严重感染的猪肉，呈苍白色。在病猪肌肉中可发现有米粒大小的白色半透明的囊泡，也可在其他寄生的脏器中观察到囊尾蚴。

（六）诊断

猪囊尾蚴生前诊断较为困难，可检查眼睑和舌部，查看有无豆状肿胀。严重感染的猪，体形可能改变，肩胛肌肉表现为严重水肿、增宽，后肢部肌肉水肿隆起，外观呈哑铃状或狮子形。走路时前肢僵硬，后肢不灵活，左右摇摆。发音嘶哑，呼吸困难，睡觉发鼾。触摸舌根或舌腹面可发现囊虫引起的结节。近年来血清免疫学诊断方法，如间接血凝试验、酶联免疫吸附试验等已被应用到诊断中。

死后检查咬肌、腰肌、肩外侧肌等部位发现猪囊尾蚴即可确诊。

人绦虫病通过粪便检查发现孕卵节片和虫卵确诊。

（七）治疗

实际生产中对猪囊尾蚴的治疗意义并不大，对症状较轻的治疗如下。吡喹酮：每天30~60 mg/kg体重，共服3次。丙硫咪唑：每天30 mg/kg体重，服药3次。

对人脑囊虫病的治疗如下。吡喹酮：20 mg/kg体重，每天分2次服用，连服6 d。丙硫咪唑：20 mg/kg体重，分2次口服，15 d为一疗程，间隔15 d，至少服3个疗程。

对人绦虫病的治疗如下。南瓜籽和槟榔合剂：南瓜籽50 g，槟榔片100 g，硫酸镁30 g。南瓜籽炒后去皮磨碎，槟榔片做成煎剂，早晨空腹先服南瓜籽粉，1 h后再服槟榔煎剂，0.5 h后服硫酸镁。应多喝白开水，服药后4 h可排出虫体。用仙鹤草根芽晒干粉碎，成人25 g，早晨空腹时一次服下。氯硝柳胺（灭绦灵）：成人用量3 g，早晨空腹时2次分服，药片嚼碎后用温水送下，否则无效，间隔0.5 h再服另一半，1 h后服硫酸镁。

人驱虫后应检查排出的虫体有无头节，如无头节，虫体还会生长。

（八）防治

加强肉食品卫生检验，实行定点屠宰，集中检疫，病肉按国家有关条例处理；对人群进行普查和驱虫治疗，排出的虫体和粪便深埋或烧毁；加强人粪管理和改善猪的饲养管理方法，发现病例应及时做无害化处理，做到人便入厕，猪圈养，切断感染途径；注意个人卫生，养成饭前便后洗手的习惯，不吃生的或不熟的猪肉；加强宣传教育，提高人们对猪囊尾蚴的危害性和感染途径与方式的认识，提高防病能力。

五、牛囊尾蚴病

牛囊尾蚴病是由带科带吻属的牛带吻绦虫的幼虫牛囊尾蚴寄生于牛引起的疾病。牛带吻绦虫只寄于人的小肠中，牛囊尾蚴寄生于牛的肌肉中。

（一）病原体

牛囊尾蚴，又称牛囊虫。呈灰白色，为半透明的囊泡，直径约1 cm。囊内充满液体，囊壁一端有一内陷的粟粒大的头节，上有4个吸盘，无顶突和小钩。

牛带吻绦虫，又称无钩绦虫、牛肉带绦虫、肥胖带绦虫。为乳白色，带状，体长为5~10 cm，最长可达25 m以上。节片长而肥厚，由1 000~2 000个节片组成。头节上有4个吸盘，但无顶突和小钩。孕卵节片窄而长，其内的子宫每侧有15~30个主侧枝。虫卵呈球形，黄褐色，内含六钩蚴。虫卵大小为（30~40）μm×（20~30）μm。

（二）流行病学

牛带吻绦虫广泛分布于世界各地，在多吃牛肉，尤其是在有吃生的或不熟牛肉习惯的地区或民族中流行，在其他地方有散在感染。

在我国多个省（自治区、直辖市）有散在分布的牛带吻绦虫病人，但在少数民族农牧区有较高的感染率，如内蒙古自治区、新疆维吾尔自治区、西藏自治区，云南省、四川省的藏族聚居地区。

人感染牛带吻绦虫与当地牛的囊尾蚴感染有密切关系。在流行区，野外牧牛很普遍，当地农牧民常在牧场及野外排便，致使粪便污染牧场、水源和地面而使牛感染。牛带吻绦虫虫卵在外界可存活8周以上，可在很多化学消毒剂中存活，也可耐受许多物理条件。因此，牛很容易因吃到有活力的虫卵或孕节而受到感染。牛囊尾蚴在牛体内的分布部位以肌肉为主，也可寄生于肝、肾、肺等处。

（三）生活史

中间宿主是黄牛、水牛及牦牛等，终末宿主是人。

成虫寄生于人的小肠中，孕节或虫卵随粪便排出，当中间宿主牛吞食虫卵或节片后，六钩蚴在小肠内逸出，钻入肠壁血管中，随血流散布到全身肌肉，经10~12周发育为牛囊尾蚴。人因误食了含有牛囊尾蚴的牛肉而受感染，包囊被消化，头节外翻吸附在人的小肠黏膜上，经2~3个月发育为成虫，其寿命可达20~30年或更长。

（四）临床症状

基本同猪囊尾蚴病。病牛一般不显病状，重度感染的急性期，在感染后30~50 d内表现为体温升高、咳嗽、腹泻、肌肉震颤、运动障碍，有时可引起死亡。牛囊尾蚴不感染人。

人感染牛带吻绦虫后可引起消化障碍、腹泻、腹痛、恶心等，长期寄生时可造成内源性维生素缺乏及贫血。

（五）病理变化

牛囊尾蚴寄生在咬肌、舌肌、心肌、肩胛肌等处，有时也可寄生于肺、肝和脂肪等处。

（六）诊断

基本同猪囊尾蚴病。生前诊断较困难，可采用血清学方法诊断，主要是间接血球凝集试验和酶联免疫吸附试验。尸体剖检时发现牛囊尾蚴可确诊。

人患有牛带吻绦虫病时，孕节可自动从肛门爬出，有痒感。用涂片检查或粪便检查检出虫卵或孕节可确诊。

（七）治疗

治疗可用吡喹酮：30 mg/kg体重，连服7 d，或50 mg/kg体重，连用2~3 d。芬苯达唑：25 mg/kg体重，连服3 d。

人感染牛带吻绦虫，可用吡喹酮、氯硝柳胺、丙硫咪唑等治疗。也可用南瓜籽槟榔合剂和仙鹤草根芽等治疗。

材料准备

一、多媒体课件

各种绦虫蚴及其成虫的形态图。

二、挂图

（1）绦虫蚴的构造模式图。

（2）猪囊尾蚴、牛囊尾蚴、细颈囊尾蚴、脑多头蚴、细粒棘球蚴和多房棘球蚴及其成虫的形态图等。

三、标本

（1）猪囊尾蚴、牛囊尾蚴、细颈囊尾蚴、脑多头蚴、细粒棘球蚴和多房棘球蚴的浸渍标本及其病理标本等。

（2）上述各种绦虫蚴的头节的染色标本（切片标本）。

（3）猪带绦虫、牛带绦虫、泡状带绦虫、多头带绦虫、细粒棘球绦虫和多房棘球绦虫的浸渍标本等。

（4）上述各种绦虫的头节及孕卵节片的染色标本（切片标本）。

工|具|准|备

生物显微镜、体视显微镜、手持放大镜、标本针、眼科弯头镊子、培养皿、尺子、多媒体等。

任务实施

步骤一：用多媒体（或幻灯机）及显微投影仪观察猪囊尾蚴、牛囊尾蚴、细颈囊尾蚴、脑多头蚴、细粒棘球蚴和多房棘球蚴等的染色标本及猪带绦虫、牛带绦虫、泡状带绦虫、多头带绦虫、细粒棘球绦虫和多房棘球绦虫等的染色标本，并明确指出各种绦虫蚴及其成虫形态构造的特点。

步骤二：分组独立进行绦虫蚴及其成虫的形态观察。首先取绦虫蚴的浸渍标本，置于培养皿中。观察囊泡的大小，囊壁的厚薄，头节的有无与多少。然后取染色标本在生物显微镜下仔细观察头节的构造。

步骤三：取上述绦虫蚴的成虫的染色标本，在生物显微镜下详细观察头节及孕卵节片的外形与子宫分支。

步骤四：观察主要绦虫蚴（猪囊尾蚴、牛囊尾蚴等）的病理标本，了解其主要病理变化。

步骤五：注意事项。

（1）用肉眼和放大镜观察绦虫蚴的基本构造（浸渍标本），重点观察囊泡的大小，囊壁的厚薄，头节的有无与多少。

（2）用显微镜观察主要绦虫蚴及其成虫（染色制片标本）的形态构造特点，重点观察绦虫蚴和绦虫的头节及绦虫的孕卵节片。

（3）用肉眼和放大镜观察患病器官的病理变化。

（4）按有关标本管理要求，将本次实验用标本放回原处。

步骤六：任务总结。

任务检测

任务二 家畜绦虫病常见病原形态学观察

任务导入

教师提供实验室常见的家畜绦虫成虫、绦虫蚴及虫卵的各种浸渍标本、切片标本和病理标本，要求学生进行形态结构观察并总结。

任务工单

班级________ 姓名________ 学号________

<table>
<tr><td>任务名称</td><td colspan="4">家畜绦虫病常见病原形态学观察</td></tr>
<tr><td>任务描述</td><td colspan="4">任务内容：
按照教师所提供的各类不同的素材进行观察，根据观察结果进行总结。
任务目的：
通过观察，掌握家畜常见线虫的主要形态特征。
任务流程：
1. 浸渍标本；
2. 切片标本；
3. 病理标本。
任务方法：
1. 外部形态观察；
2. 内部形态构造观察。</td></tr>
<tr><td>获取信息</td><td colspan="4">要完成任务，需要掌握相关的知识。请收集资料，回答以下问题。
1. 绦虫的分类有哪些？
2. 常见家畜的线虫病有哪些？
3. 常见家畜的消化道绦虫病有哪些？</td></tr>
<tr><td>制订计划</td><td colspan="4"></td></tr>
<tr><td rowspan="6">任务实施</td><td colspan="4">按照预先制订的工作计划，完成本任务，并记录任务实施过程。</td></tr>
<tr><td>序号</td><td>完成的任务</td><td>遇到的问题</td><td>解决的办法</td></tr>
<tr><td></td><td></td><td></td><td></td></tr>
<tr><td></td><td></td><td></td><td></td></tr>
<tr><td></td><td></td><td></td><td></td></tr>
<tr><td></td><td></td><td></td><td></td></tr>
</table>

任务准备

知识准备

一、反刍动物绦虫病

反刍动物绦虫病是由裸头科莫尼茨属、曲子宫属和无卵黄腺属的多种绦虫寄生于牛、羊等反刍动物小肠内引起的疾病。对羔羊和犊牛危害严重。

（一）病原体

主要有莫尼茨绦虫、曲子宫绦虫和无卵黄腺绦虫。在我国常见的莫尼茨绦虫有扩展莫尼茨绦虫和贝氏莫尼茨绦虫，后者多寄生于犊牛。

1. 扩展莫尼茨绦虫

扩展莫尼茨绦虫大多为乳白色，长带状，长1~6 m，宽1.6 cm。头节小，头节近似球形，上有4个吸盘，无顶突和小钩。体节宽而短，成节内有2组生殖器官，每侧1套，生殖孔开口于节片的两侧。卵巢和卵黄腺在体两侧构成花环状，子宫呈网状。睾丸数百个，分布于排泄管内侧。节间腺为环状或滤泡状，在节片后缘横列。虫卵近似三角形，卵内含特殊的梨形器，器内含六钩蚴。卵直径为56~67 μm。每个成熟节片后缘附近均有泡状的节间腺，排成一行。

2. 贝氏莫尼茨绦虫

虫体大多呈黄白色，可长达4 m，节间腺由密集的点组成条带状，范围小，集中分布在节片中部。虫卵近似于四角形。

3. 曲子宫绦虫

常见的虫种为盖氏曲子宫绦虫，虫体呈乳白色，带状，体长可达4.3 m，每个成熟节片内只有一组生殖器官，左右不规则交替排列。雄茎囊外伸，使虫体外观边缘不整齐呈锯齿状；睾丸为小圆点状，分布于排泄管的外侧，子宫呈多弯曲的横列状。虫卵近似球形，无梨形器，每5~15个虫卵被包在一个副子宫器（子宫周器官）内。卵直径为18~27 μm。

4. 无卵黄腺绦虫

常见的虫种为中点无卵黄腺绦虫，虫体长且窄，体长可达2~3 m，宽2~3 mm；每个成熟节片内只有1组生殖器官，左右不规则排列。睾丸位于排泄管两侧，无卵黄腺和梅氏腺。子宫在节片中央；虫卵为椭圆形，内含六钩蚴，无梨形器。卵直径为21~38 μm。

（二）流行病学

本病在我国的西北、东北和内蒙古牧区流行比较广泛。莫尼茨绦虫病和盖氏曲子宫绦虫病，分布于全国各地，中点无卵黄腺绦虫病主要分布在高寒、干燥地区。

莫尼茨绦虫主要感染羔羊和犊牛；盖氏曲子宫绦虫多见于6~8个月的成年绵羊，4~5个月的羔羊几乎不感染；中点无卵黄腺绦虫则多见于成年牛羊。

莫尼茨绦虫的季节动态与地螨活动规律及似囊尾蚴的发育期有关，而地螨的繁殖能力和似囊尾蚴的发育期与气候直接相关，因此北方多于5月开始感染，6—10月达到感染高峰。而南方2—3月开始感染，4—5月达到高峰。盖氏曲子宫绦虫春夏秋季都能感染，而中点无卵黄腺绦虫多在秋季发生感染，曲子宫绦虫与贝氏莫尼茨绦虫常混合感染。

（三）生活史

中间宿主是地螨，终末宿主是牛、羊、骆驼等反刍动物。

寄生于羊、牛小肠的绦虫成虫，它们的孕卵节片或虫卵随粪便排出后，如被地螨吞食，则虫卵内的六钩蚴在地螨体内发育为似囊尾蚴。当终末宿主羊、牛等反刍动物在采食时连同牧草一起吞食了含有似囊尾蚴的地螨后，似囊尾蚴在反刍动物消化道逸出，附着在肠壁上逐渐发育为成虫需45~60 d。虫卵在地螨体内发育为似囊尾蚴所需要的时间，主要取决于外界温度。

（四）致病作用

主要表现为机械性作用、夺取营养和毒素作用。

1. 机械性作用

大量虫体寄生时，造成肠腔狭窄，影响食物通过，甚至发生肠阻塞、套叠或扭转，最终因肠破裂引起腹膜炎而死亡。

2. 夺取营养

虫体在肠道内每昼夜可生长8 cm，需从宿主机体内夺取大量的营养物质，必然影响宿主的生长发育，使之消瘦、体质衰弱。

3. 毒素作用

虫体的代谢产物和分泌毒素被机体吸收后，可引起各组织器官发生炎性病变。同时还破坏神经系统和心脏及其他器官的活动。肠黏膜的完整性遭到损害时，可引起继发感染，并降低羔羊和犊牛的抵抗力，可促进羊快疫和肠毒血症的发生。

（五）临床症状

轻微感染不表现明显症状，仅偶尔出现消化不良、食欲降低、排稀便等。但也有仅感染少数虫体甚至一条大的虫体，就可引起明显症状甚至造成死亡的病例。严重感染时，初期食欲降低，饮水欲望增加，常有下痢，在粪便中有节片排出。有时节片成链状吊在肛门处。继后出现贫血、消瘦、被毛粗乱无光泽。有的病畜因中枢神经中毒可呈现抽搐、旋回运动等神经症状。有的病例因虫体扭结成团引起肠梗阻，出现腹痛，甚至引起肠破裂而死亡。病末期，患畜常因高度衰弱卧地不起，将头折向后方，常做咀嚼运动，口出泡沫，反应迟钝，极度衰弱而死亡。

（六）病理变化

尸体消瘦、黏膜苍白、胸腹腔渗出液增多。肠黏膜出血，小肠内可发现有虫体。有时可见肠阻塞或肠扭转。

（七）诊断

根据流行病学调查、临床症状、粪便检查、剖检发现虫体进行综合诊断。观察放牧地区是否有地螨活动，观察粪便中有无孕卵节片排出。

采用饱和盐水漂浮法检查粪便中的虫卵。根据临床表现，如怀疑本病又未查到孕卵节片和虫卵（未成熟时无节片和虫卵排出），可采取药物驱虫诊断。剖检发现虫体即可确诊。

（八）治疗

药物较多，常选用下列几种。

硫双二氯酚：绵羊100 mg/kg体重，牛为50 mg/kg体重，一次口服。

氯硝柳胺：绵羊60~70 mg/kg体重，驱除盖氏曲子宫绦虫绵羊为100 mg/kg体重，牛为60~70 mg/kg体重，制成10%混悬液灌服。

丙硫咪唑：牛、羊10~20 mg/kg体重，口服。

（九）防治

应采用预防性驱虫，放牧前与舍饲后进行。可在春季放牧后30~35 d进行一次驱虫，以后每隔30~35 d进行一次，直到转入舍饲为止。

消灭中间宿主，采取深耕土壤、开垦荒地、种植牧草、更新牧地减少地螨的繁衍；避免在低湿草地放牧，有条件的地区可实行轮牧，保护幼畜，粪便发酵处理等。

二、鸡绦虫病

鸡绦虫病是由戴文科戴文属和赖利属的绦虫寄生于鸡的小肠引起的疾病。本病分布较广，对养鸡业危害较大，可能引起放养的雏鸡大批死亡。

（一）戴文属病原体

节片戴文绦虫（图4-2）为戴文属，寄生于鸡、鸽、鹌鹑的十二指肠内。成虫短小，仅有0.5~3.0 mm长，由4~9个节片组成。整个虫体似舌形，节片从前至后逐个增大。头节

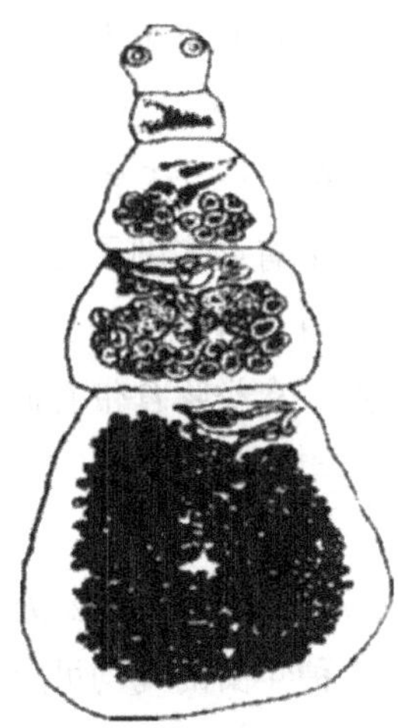

图4-2　节片戴文绦虫
（张宏伟 等，2012）

小，顶突和吸盘上均有小钩，但易脱落。生殖孔规则地交替开口于每个体节的侧缘前部。雄茎囊长，可达体宽的一半以上。睾丸12~15个，排成2列，位于体节后部。孕节子宫分裂为许多卵囊，每个卵囊内只含1个六钩蚴。发育中以蛞蝓、陆地螺蛳为中间宿主，其吞食虫卵后，六钩蚴在体内约经2周发育为似囊尾蚴，鸡吞食含有似囊尾蚴的中间宿主，在其小肠内发育成虫。

（二）赖利属病原体

鸡赖利绦虫病是对鸡危害最大的一类绦虫病，尤其对地面平养的雏鸡危害严重，发病率和死亡率都很高。赖利属绦虫种类很多，但最常见、危害性最大的有3种，即四角赖利绦虫、棘沟赖利绦虫和有轮赖利绦虫。

1. 棘沟赖利绦虫

棘沟赖利绦虫寄生于鸡、火鸡和雉的小肠。虫体较大，长34 cm，宽4 mm，顶突上有钩2圈（200~250个小钩）。吸盘呈圆形，上有815圈小钩。生殖口常开口于一侧边缘上，孕节的子宫内形成90~150个卵袋，每个卵袋内有6~12个虫卵。卵直径为25~40 μm。发育中以蚂蚁为中间宿主。孕卵节片或卵囊随粪便排到外界，被蚂蚁吞食后，六钩蚴逸出，经两周发育为似囊尾蚴。禽类吞食了含有似囊尾蚴的蚂蚁后，经19~23 d发育为成虫。

2. 四角赖利绦虫

四角赖利绦虫寄生于家鸡和火鸡的小肠后半部，长达25 cm，是寄生于鸡中的最大的绦虫。头节较小，顶突上有1~3行小钩，数目为90~130个，吸盘卵圆形，上有8~10行小钩。成节的生殖孔位于一侧的边缘上。孕节中每个卵囊内含卵6~12个，虫卵直径为0.025~0.050 mm。中间宿主为蚂蚁和家蝇。发育过程同棘沟赖利绦虫。

3. 有轮赖利绦虫

有轮赖利绦虫寄生于鸡、火鸡雉和珍珠鸡的小肠（十二指肠），虫体一般不超过4 cm，有些可达15 cm，头节上的顶突宽大而肥厚，呈轮状，突出于顶端，上有400~500个小钩排成2圈，吸盘无钩，颈节不能察见。生殖孔左右不规则地交替开口，睾丸有15~30个，孕卵节中有许多副子宫器，每个仅含1个卵，卵的直径为75~88 μm。发育中以家蝇、金龟子、步行虫等昆虫为中间宿主。温暖季节，虫卵在中间宿主体内，经14~16 d似囊尾蚴发育成熟。禽类啄食带有似囊尾蚴的中间宿主后，在小肠内经12~20 d似囊尾蚴发育为成虫。

（三）流行病学

节片戴文绦虫主要流行于我国南方，以幼禽为主。病的分布主要与中间宿主分布有关。虽然各种年龄的鸡均可感染，但25~40 d的雏鸡死亡率较高。

（四）致病作用与临床症状

虫体头节钻入肠黏膜，使肠壁上形成结节样病变，并损伤肠黏膜，引起肠炎，虫体多量寄生时可阻塞肠管，甚至导致肠管破裂发生腹膜炎。轻度感染病状不明显。严重感染时，表现为血性溃烂，消化功能紊乱，雏鸡发育受阻，成鸡产蛋量下降。

（五）诊断

根据流行特点、病状、粪便检查和尸体剖检确诊。注意夏秋季节雏鸡多发病；粪便检查主要是发现孕卵节片，初期可见小肠黏膜肥厚；充血或溃疡结节，并可发现绦虫。

（六）预防

由于鸡绦虫在其生活史中必须要有特定种类的中间宿主参与，因此预防和控制鸡绦虫病的关键是消灭中间宿主，从而中断绦虫的生活史。集约化养鸡场，采取笼养的管理方法，使鸡群避开中间宿主，这可以作为易于实施的预防措施。使用杀虫剂消灭中间宿主是比较困难的。

经常清扫鸡舍及时清除鸡粪，做好防蝇灭虫工作。

幼鸡与成鸡分开饲养，最后采用全进全出制。

制止和控制中间宿主的滋生，饲料中添加环保型添加剂，如在流行季节里饲料中长期添加环丙氨嗪（一般按每吨全价饲料5 g添加）。

定期进行药物驱虫，建议在60日龄和120日龄各预防性驱虫一次。

（七）治疗

当禽类发生绦虫病时，必须立即对全群进行驱虫。常用驱虫药有以下几种。

硫双二氯酚（别丁）：鸡150~200 mg/kg体重，鸭200~300 mg/kg体重，以1:30的比例与饲料配合，一次投服。鸭对该药较为敏感。

氯硝柳胺（灭绦灵）：鸡50~60 mg/kg体重，鸭100~150 mg/kg体重，一次投服。

吡喹酮：鸡、鸭均按10~15 mg/kg体重，一次投服，可驱除各种绦虫。

丙硫苯咪唑：鸡、鸭均按10~20 mg/kg体重，一次投服。

羟萘酸丁萘脒：鸡按400 mg/kg体重，一次投服，对赖利绦虫有效。

三、马裸头绦虫病

马裸头绦虫病是由裸头科裸头属和副裸头属的绦虫寄生于马属动物小肠内引起的寄生虫病。

（一）病原体

病原体主要有3种。

1. 叶状裸头绦虫

虫体短而厚，似叶状。长2.5~5.2 cm，宽0.8~1.4 cm。头节较小，4个吸盘呈杯状向前突出，每个吸盘后方各有1个特征性的耳垂状附属物。节片短而宽，成熟节片有1组生殖器官，约200个睾丸。虫卵近圆形，有梨形器，内含六钩蚴，梨形器约等于虫卵半径。

2. 大裸头绦虫

虫体长可达1 m以上，最宽处可达28 mm，头节宽大，吸盘发达。所有节片的长度均小于宽度，节片有缘膜，前节缘膜覆盖后节约1/3。成熟节片有1组生殖器官，生殖孔开口于一侧。睾丸400~500个，位于节片中部。子宫横列，呈袋状而有分支。虫卵浅灰色呈圆形，直径50~60 μm，内含六钩蚴，梨形器小于虫卵半径。

3. 侏儒副裸头绦虫

虫体短小，长6~50 mm，宽4~6 mm。头节小，吸盘呈裂隙样。虫卵大小为51 pm×37 pm，梨形器大于虫卵半径。

（二）生活史

中间宿主是地螨。终末宿主是马、驴和骡等马属动物。

成虫寄生于终末宿主肠道中，孕卵节片和虫卵随粪便排出体外，被中间宿主吞食后，六钩蚴在其体内约经5个月发育为似囊尾蚴。当终末宿主食入含囊尾蚴的中间宿主后，在小肠内经消化液作用，蚴体逸出，头节外翻，吸附在肠壁上经6~10周发育为成虫。

（三）流行病学

传染源为患病或带虫的马、驴和骡等马属动物，孕卵节片存在于粪便中。以2岁以下的幼驹感染率最高。在我国西北和内蒙古等地的牧区，呈地方流行性，有明显的季节性，多在夏末秋初感染，冬季和次年春季出现症状。

（四）临诊症状

寄生数量较多时，幼驹表现为生长发育迟缓，食欲不振，精神沉郁，被毛逆立无光泽，腹部膨大，有时腹泻，粪便中常混有带血的黏液，心跳加速，呼吸加快。常重复发生癫痫症状。有时出现疝痛症状。病程可持续1个月以上。

（五）病理变化

肝脏充血，心内、外膜有出血点，肠系膜淋巴结肿大、多汁且有出血点。尸体消瘦，小肠或结肠有卡他性炎症或溃疡，病灶区含多量黏液和虫体。有时会伴有腹膜炎症状。

（六）诊断

根据流行病学、临诊症状和粪便检查进行综合诊断。如在粪便中发现孕卵节片或虫卵可确诊。粪便检查用漂浮法。

（七）治疗

氯硝柳胺（灭绦灵）：88~100 mg/kg体重，一次口服。硫双二氯酚：10~25 mg/kg体重，一次内服。也可用南瓜籽槟榔合剂。

（八）防治

定期进行预防性驱虫，驱虫后排出的粪便做无害化处理。避免在低湿草地和地螨孳生地放牧，以减少感染的机会。

材|料|准|备

一、多媒体课件

相应绦虫及其中间宿主的形态图。

二、挂图

（1）绦虫构造模式图，马裸头绦虫、莫尼茨绦虫、曲子宫绦虫和无卵黄腺绦虫等的形态图。

（2）绦虫中间宿主的形态图。

三、标本

（1）马裸头绦虫、莫尼茨绦虫、曲子宫绦虫和无卵黄腺绦虫等的浸渍标本。

（2）马裸头绦虫、莫尼茨绦虫、曲子宫绦虫和无卵黄腺绦虫等的染色标本（切片标本）。

（3）陆地螺蛳和地螨的浸渍标本和切片标本。

（4）严重感染马裸头绦虫、莫尼茨绦虫、曲子宫绦虫和无卵黄腺绦虫等的病理标本。

工|具|准|备

显微镜、体视显微镜、手持放大镜、标本针、眼科弯头镊子、培养皿、尺、多媒体、幻灯机、显微镜投影仪（电视机、投影显微镜）。

任务实施

步骤一：观察莫尼茨绦虫、曲子宫绦虫、无卵黄腺绦虫、鸡瑞利绦虫、节片戴文绦虫、和马裸头绦虫的形态特征，并明确指出各种绦虫形态构造的特点。

步骤二：独立进行绦虫的形态观察。首先取莫尼茨绦虫的浸渍标本，置于瓷盘中观察一般形态，用尺测量虫体的全长及最宽处，测量成熟节片的长度及宽度，用放大镜或体显微镜观察其形态，然后再用同样方法观察其他绦虫的浸渍标本。

步骤三：取莫尼茨绦虫头节、成熟节片的染色标本，在显微镜下详细观察成熟节片的睾丸分布、卵巢形状、卵黄腺及梅氏腺的位置、生殖孔的开口及孕卵节片内子宫的形态和位置。然后再取其他绦虫的染色标本进行观察。

步骤四：取陆地螺蛳和地螨的标本，在显微镜或体视显微镜下观察。

根据观察结果填写表4-1。

表4-1　常见动物绦虫形态特征

虫名	虫体长/mm	虫体宽/mm	头节大小	成节生殖孔位置	成节生殖器组数	成节睾丸位置	成节有无卵黄腺	成节节间腺的形状
马裸头绦虫								
扩展莫尼茨绦虫								
贝氏莫尼茨绦虫								
鸡瑞利绦虫								

步骤五：注意事项。

（1）从标本瓶内取出绦虫的浸渍标本时，一定要轻取轻放，以防节片脱落。

（2）在显微镜下观察绦虫头节、成熟节片和孕卵节片的染色制片标本时，要对照图谱进行观察。

（3）用肉眼和放大镜观察患病器官的病理变化。

（4）陆地螺蛳和地螨的浸渍标本，用肉眼、放大镜和体视显微镜着重观察其外部形态。

（5）按有关标本管理要求，将本次实验用标本放回原处。

任务检测

任务三 犬猫绦虫病病原形态观察

任务导入

犬猫绦虫病的防治是青海省疫病防控工作中最重要的环节之一，在春秋防疫流行病学调查的基础上，要求学生通过课本及网络资源收集相应的犬猫绦虫病的资料，结合实验室提供的相应资源，掌握病原的形态特征、临床症状、病理变化、治疗及防治措施。

任务工单

班级______________　姓名________________　学号_____________

<table>
<tr><td>任务名称</td><td colspan="4">犬猫绦虫病病原形态观察</td></tr>
<tr><td>任务描述</td><td colspan="4">任务内容：
1. 观察犬猫绦虫病病原形态特征。
2. 通过对比观察的方法，观察细粒棘球绦虫、多头带绦虫、泡状带绦虫等形态结构特点。
3. 掌握防治措施。
任务目的：
1. 掌握犬猫常见绦虫病病原形态特征及生活史；
2. 掌握“三蚴病”病原及防治措施。
任务方法：
1. 对形态结构进行肉眼及低倍显微镜观察；
2. 对比法观察成虫形态及特点；
3. 上网查询（查询本地政府出台的相应政策）。</td></tr>
<tr><td>获取信息</td><td colspan="4">要完成任务，需要掌握相关的知识。请收集资料，回答以下问题。
1. 常见的犬猫绦虫病有哪些？
2. “三蚴病“的病原是什么？
3. 棘球蚴病应该怎么进行防治？</td></tr>
<tr><td>制订计划</td><td colspan="4"></td></tr>
<tr><td rowspan="4">任务实施</td><td colspan="4">按照预先制订的工作计划，完成本任务，并记录任务实施过程。</td></tr>
<tr><td>序号</td><td>完成的任务</td><td>遇到的问题</td><td>解决的办法</td></tr>
<tr><td></td><td></td><td></td><td></td></tr>
<tr><td></td><td></td><td></td><td></td></tr>
</table>

任务准备

知识准备

一、犬、猫绦虫病

（一）病原体

本病是由多种绦虫寄生于犬、猫的小肠引起疾病的总称。常见的病原体有以下几种。

1. 犬复孔绦虫

犬复孔绦虫属双壳科，复孔属，寄生于犬、猫、狐、狼等肉食动物，也可感染人，以幼儿为多。活体为淡红色，固定后为乳白色，体长10~50 cm，由约200个节片组成。头节有吸盘、顶突和小钩。体节呈黄瓜籽状，有时会称为“瓜籽绦虫”。成熟节片有2组生殖器官，生殖孔位于两侧。孕节内子宫分为许多卵囊，每个卵囊内含有数个至30个虫卵。虫卵呈圆形透明，内含六钩蚴。中间宿主为犬猫蚤和犬毛虱，终末宿主吞食含似囊尾蚴的中间宿主而感染，经2~3周发育为成虫。

2. 中线绦虫

中线绦虫属中绦科中绦属，寄生于犬、猫及野生食肉动物的小肠内，人偶有感染。虫体呈乳白色，体长30~250 cm，最宽处3 mm。头节上无顶突和小钩，头节上有4个长圆形吸盘。颈节很短，成节近似方形，每节1组生殖系统。子宫位于节片中央，生殖孔开口于腹面正中。虫卵为长圆形，内含六钩蚴。幼虫期为似囊尾蚴。

3. 泡状带绦虫

泡状带绦虫属带科带属，主要寄生于犬、猫等肉食动物的小肠。体长可达5 m。头节大，有吸盘、顶突和小钩，颈短粗。幼虫为细劲囊尾蚴，主要寄生于猪、牛、羊等的大网膜和肠系膜。

4. 曼氏迭宫绦虫

曼氏迭宫绦虫长40~60 cm，头节指状，有一纵行的吸槽。寄生于犬、猫和一些肉食动物的小肠内。幼虫期为曼氏裂头蚴。中间宿主为剑水蚤，补充宿主为鱼。

（二）生活史

孕卵节片或虫卵随着粪便排出体外，进入到中间宿主（有的还需进入到补充宿主体内），发育成为幼虫，终末宿主食入含有幼虫的中间宿主或补充宿主，在其小肠内发育成为成虫。

（三）临床症状

轻度感染时，临诊病状不明显，多为营养不良。严重感染时，食欲不振，消化不良、呕吐、下痢、有时腹痛、逐渐消瘦、贫血。寄生虫体数量较多时可导致肠堵塞、肠破裂或肠扭转，个别病例会出现神经症状。多呈慢性经过，很少死亡。

（四）诊断

用漂浮法检查粪便发现虫卵和节片可确诊。

（五）治疗

硫双二氯酚：犬100 mg/kg体重，猫150~200 mg/kg体重。氯硝柳胺：犬100~150 mg/kg体重，猫200 mg kg体重。丙硫咪唑：犬、猫10~15 mg/kg体重。吡喹酮：犬、猫5~10 mg/kg体重。以上药物均口服。

（六）防治

严格制定肉品卫生检验制度，未经过无害化处理的肉类废弃物不得喂猫、犬及其他肉食兽；对猫、犬应定时进行预防驱虫，驱虫后粪便深埋或焚烧；避免犬、猫食入生鱼片或虾等；做好猫舍的灭鼠工作。

二、棘球蚴病

棘球蚴病又称包虫病，是由带科棘球属棘球绦虫的幼虫——棘球蚴寄生于哺乳动物及人的肝脏、肺脏及其他器官中所引起的疾病。成虫寄生于犬科动物小肠中；幼虫寄生于动物及人的任何部位，以肝脏和肺脏为多见，是重要的人兽共患寄生虫病之一。

（一）病原体

棘球蚴的病原体主要有2种，单房型棘球蚴和多房型棘球蚴。成虫主要有细粒棘球绦虫和多房棘球绦虫2种。

细粒棘球绦虫（图4-3）为小型虫体，体长2~7 mm，由1个头节和3~4个节片构成。头节上有4个吸盘，顶突上有2排角质小钩，数目为36~40个。成节内含有1组雌雄生殖器官，睾丸35~55个，生殖孔位于节片侧缘的后半部。孕节的长度约占全虫长的一半，子宫每侧枝为12~15个。

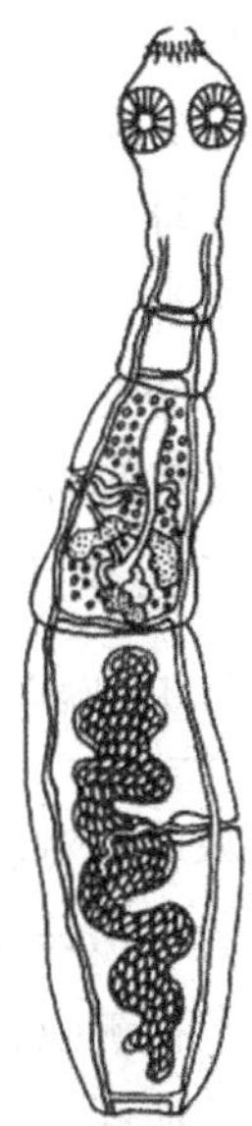

图4-3 细粒棘球绦虫成虫结构模式

（张宏伟 等，2012）

单房型棘球蚴是细粒棘球绦虫的幼虫，寄生于人及羊、牛、猪和骆驼体内，大小为豌豆大至小儿头大。棘球蚴囊壁为2层，外层为角质层，无细胞结构。内层为胚层（生发层），胚层生有许多原头蚴；还可向腔内芽生出许多小泡，称为生发囊，生发囊内壁上也可生成数量不等的原头蚴。生发囊和原头蚴可从胚层上脱落于囊液中，这种情况常见于幼龄绵羊。母囊内还可生成与母囊结构相同的子囊，甚至孙囊，与母囊一样可长出生发囊和原头蚴，多见于人。游离于囊液中的生发囊、原头蚴和子囊统称为包囊砂（棘球砂）。有的棘球蚴囊内的胚层不生出原头蚴，称为不育囊，常见于牛和猪。

多房型棘球蚴是多房棘球绦虫的幼虫，寄生于啮齿类动物，也可寄生于人、牛和猪。是由无数囊泡聚集而成，囊泡大小为2~5 mm，囊内多为胶质物，囊壁有（鼠）或无（人和家畜）原头蚴。

（二）生活史

细粒棘球绦虫的中间宿主是羊、牛、猪、马等多种野生动物和人。多房棘球绦虫的中间宿主是为啮齿类动物。但终末宿主都是犬、狼和狐狸等肉食类动物。

成虫寄生于犬、狼、狐等肉食动物小肠，孕卵节片脱落随粪便排出体外，污染饲料、饮水或牧场，被中间宿主吞入，虫卵内的六钩蚴在消化道内逸出，钻入肠壁血管内，随血液循环或淋巴进入肝、肺等处，经6~12个月发育为成熟的棘球蚴。当终末宿主吞食含有棘球蚴的脏器后，原头蚴在其小肠内经6~7周发育为成虫，成虫在犬体内的寿命为5~6个月。人误食细粒棘球绦虫的虫卵后，患棘球蚴病，细粒棘球蚴在人体内可存活10~30年。

（三）流行病学

本病属全球性分布，以牧区为多见。犬是动物和人细粒棘球蚴病的感染源，人多因直接接触犬，致使虫卵黏在手上再经口感染，或通过蔬菜、水果、饮水和生活用具，误食虫卵遭受感染，猎人因直接接触犬和狐狸的皮毛等而感染。

棘球蚴病在我国以新疆维吾尔自治区、青海省、四川省、宁夏回族自治区、甘肃省等地最为严重。

一个终末宿主可同时被大量的虫体寄生，故成虫产卵量较大。虫卵对外界环境抵抗力强，在外界环境中可长期存活，在5~10 ℃的粪堆中可存活12个月，在−20~20 ℃的干草中可存活10个月。对化学药物亦有较强的抵抗力。

（四）临床症状

棘球蚴对动物的危害主要取决于棘球蚴的大小、数量和寄生部位。棘球蚴对动物和人可引起机械压迫、中毒和过敏反应等作用，机械性压迫使周围组织发生萎缩和功能障碍。代谢产物被吸收后，周围组织发生炎症和全身过敏反应，严重者死亡。人体棘球蚴病主要以慢性消耗为主，往往使患者丧失劳动能力。绵羊较敏感，死亡率也较高，严重感染者表现为消瘦，被毛逆立，呼吸困难、咳嗽、体温升高、腹泻、倒地不起。牛严重感染时常见消瘦、衰弱、呼吸困难或轻度咳嗽、产奶量下降。各种动物都可因囊泡破裂而产生严重的过敏反应而突然死亡，对人的危害尤为明显。

成虫对犬的致病作用不明显，犬寄生数千条绦虫亦无临诊病状。

（五）病理变化

剖检可见受感染的脏器中有豌豆大至小儿头大的棘球蚴寄生。

（六）诊断

动物生前诊断比较困难，往往尸体剖检时才能发现，动物和人均可采用皮内变态反应检查法诊断。间接血球凝集试验和酶联免疫吸附试验对动物和人的棘球蚴诊断有较高的检出率。

皮内变态反应：取新鲜棘球蚴囊液，无菌过滤使其不含原头蚴，在动物颈部皮内注射0.1~0.2 mL，注射5~10 min后观察皮肤变化，如果皮肤出现直径5~10 cm的红斑，并有肿胀或水肿为阳性。此操作过程应有生理盐水对照组。

（七）防治

对犬进行定期驱虫，药物有氢溴酸槟榔碱，2 mg/kg体重，或用吡喹酮，20~40 mg/kg体重。犬粪应无害化处理；对牧场上的野犬、狼、狐狸等食肉动物进行驱赶，根除感染源；患病器官不得随意喂犬，必须无害化处理后方可作饲料；保持畜舍、饲草、饲料和饮水卫生，防止犬粪污染。人与犬接触时，应注意个人卫生和防护。加强科普宣传，严格控制狗的数量，对狗定期驱虫。

（八）治疗

丙硫咪唑：绵羊90 mg/kg体重，连服2次。吡喹酮：25~30 mg/kg体重，口服。人在外科手术治疗时也可用丙硫咪唑和吡喹酮。

三、脑多头蚴病

脑多头蚴病又称脑包虫病，回旋病。是由带科带属的多头带绦虫的幼虫——脑多头蚴寄生于反刍动物的脑所引起的疾病，有时也会寄生在延脑或脊髓内。主要危害牛、羊，特别是犊牛和羔羊，也可感染猪、马、骆驼和人。

（一）病原体

脑多头蚴，又称为脑包虫或脑共尾蚴。为乳白色的半透明囊泡，呈圆形或卵圆形，直径约5 cm或更大，大小取决于寄生部位、发育程度及动物种类。囊壁由2层膜组成，外膜为角质层，内膜为生发层，其上有许多原头蚴，直径为2~3 mm，数量有100~250个。囊内充满液体。

成虫为多头带绦虫，或称多头绦虫，寄生于犬、狼、狐狸的小肠中，体长40~100 cm，由200~250个节片组成，最大宽度为5 mm。头节小，上有4个吸盘，顶突上有小钩22~32个，孕节子宫每侧有18~26个主侧枝。

虫卵呈圆形，卵内含有六钩蚴。虫卵直径为29~37 μm。

（二）生活史

中间宿主是羊、牛等反刍动物。终末宿主是犬、狼和狐狸等肉食动物。

多头带绦虫的孕卵节片和虫卵随终末宿主的粪便排至外界，污染了牧草、饲料或饮水。反刍动物吞食了被虫卵污染的牧草或饮水，虫卵在胃肠内孵化，六钩蚴逸出进入肠壁血管内，随血流被带到脑和脊髓并在组织中移行，经2~3个月发育为脑多头蚴。当终末宿主犬、狼吞食了含有多头蚴的牛、羊的脑和脊髓即被感染。多头蚴在动物的消化道内经消化液的作用，囊壁被消化，原头蚴逸出，吸附在小肠黏膜上经41~73 d发育成多头带绦虫。成虫在终末宿主体内可存活数年。

（三）临床症状

可分为前期和后期2个阶段。

感染初期六钩蚴进入脑组织，引起脑炎和脑膜炎，表现为体温升高、脉搏和呼吸加快，患畜做回旋、前冲或后退运动。有时出现流涎、斜视、头颈向一侧弯曲等症状。发病严重的在5~7 d内因急性脑炎死亡。

感染后期为慢性期。感染一定时间内症状不明显，随着虫体不断发育，压迫脑和脊髓，引起脊髓局部组织贫血、萎缩，眼底充血，嗜酸性粒细胞增多，严重时导致中枢神经功能障碍。致病作用还可波及脑的其他部位，并间接地影响全身系统。最终引起宿主严重贫血，常因恶病质死亡。

临诊病状主要取决于虫体的寄生部位。寄生于大脑额骨区时，头下垂，向前直线奔跑或呆立不动；寄生于大脑颞骨区时，常向患侧作转圈运动，虫体越大，转圈越小，有的病例对侧视力减弱或消失；寄生于枕骨区时，头高举；寄生于小脑时，病羊站立或运动失去平衡，行走时步态蹒跚；寄生于脊髓时，行走的后躯无力、麻痹，呈犬坐姿势。病状常反复出现，重症者最后因极度消瘦或主要神经中枢受害而死亡。如寄生多个虫体而又位于不同部位时，则出现综合性病状。

（四）病理变化

急性病例剖检时可见脑膜充血和出血，脑膜表面有时能看到六钩蚴移行时产生的虫道。慢性病例外观头骨有时会出现头骨变薄、变软，并有隆起，打开头骨后可看见虫体，虫体寄生部位周围组织出现萎缩、变性、坏死。

（五）诊断

在流行区内，可根据其特殊的临诊病状、病史作出初步判断。出现典型转圈运动的临床症状时，应与莫尼茨绦虫病和羊鼻蝇蛆病等进行鉴别。虫体寄生于大脑表层时，触诊头部可判定虫体所在部位。也可用X光或超声波进行诊断，有些病例需在剖检时才能确诊，近年来也有应用ELISA法和眼睑内注射多头蚴囊液的变态反应来进行诊断的例子。

（六）治疗

手术治疗，确定虫体寄生部位，如寄生在大脑表层时可进行外科手术摘除。

药物治疗可用吡喹酮，剂量为牛、羊100~150 mg/kg体重，内服，连用3 d为一疗程。

（七）防治

可参考棘球蚴病，主要防止犬感染多头带绦虫，避免犬吃到带有多头蚴的羊、牛等动物脑及脊髓；消灭野犬，牧羊犬定期驱虫；避免饲料、饮水被犬粪便污染。高发区定时给犬投服吡喹酮进行驱虫。

四、细颈囊尾蚴病

细颈囊尾蚴病是由带科带属的泡状带绦虫的幼虫——细颈囊尾蚴寄生于多种动物和野生动物引起的疾病。幼虫寄生于猪、牛、羊等的大网膜、肠系膜、肝浆膜等处；成虫寄生于犬、狼和狐狸等肉食动物的小肠内。

（一）病原体

细颈囊尾蚴，又称水铃铛，是泡状带绦虫的幼虫。呈乳白色囊泡状，囊内充满透明液体，大小如鸡蛋或更大。囊壁有1个乳白色而具有长颈的头节。

泡状带绦虫，乳白色，稍带黄色，体长可达5 m，头节上有顶突和26~46个小钩。孕节内充满虫卵，子宫有5~16对主侧枝。

虫卵为卵圆形，内含六钩蚴。虫卵大小为（36~39）μm×（31~35）μm。

（二）生活史

中间宿主是猪、牛、羊及骆驼等。终末宿主是犬、狼和狐狸等肉食动物。

孕节或虫卵随犬粪排至体外，污染牧草、饲料及饮水，被猪、牛、羊、人等中间宿主吞食，虫卵内的六钩蚴逸出钻入肠壁血管，随血流到达肝脏，并逐渐移行至肝表面，经过2~4周进入腹腔内发育。感染后经过1~2个月发育为成熟的细颈囊尾蚴。幼虫可寄生于肠系膜和网膜上，也可寄生于胸腔和肺部，终末宿主犬、狼吞食了含有细颈囊尾蚴的脏器而感染。成虫在犬体内可生存1年左右。

（三）临床症状

细颈囊尾蚴对仔猪及羔羊的危害严重。牧区的绵羊感染严重，牛较少见。病畜表现为不安、流涎、不食、腹泻和腹痛等症状，有时造成仔猪死亡。慢性疾病多发生在幼虫自肝脏移行出来之后，一般临诊症状不明显，有时患畜出现精神不振、食欲消失、消瘦、发育不良等症状。有时幼虫移行至腹腔或胸腔可引起腹膜炎和胸膜炎，表现出体温升高等症状。

（四）病理变化

在肝中移行的幼虫数量较多时，可破坏肝实质及微血管，穿成虫道，引起出血性肝炎。有时会出现急性腹膜炎，严重病例在剖检时能见到细劲囊尾蚴。

（五）诊断

生前可用血清学诊断法，但有时会出现假阳性。死后发现虫体即可确诊。在脏器中的囊体，由一层组织反应产生的厚膜包围，故不透明，易与棘球蚴相混合。

（六）治疗

吡喹酮：50 mg/kg体重。氯硝柳胺：100~150 mg/kg体重，均口服。或剂量为50 mg/kg体重与液体石蜡按1∶6比例混合均匀，分2次间隔1天深部肌肉注射，可全部杀死虫体。

（七）防治

应对犬进行定期驱虫；防止犬进入猪、羊舍内散布虫卵，污染饲料和饮水；禁止将屠宰后的患病脏器随意处置。

材料准备

一、浸渍标本

犬复孔绦虫、曼氏迭宫绦虫、细粒棘球绦虫、泡状带绦虫、多头带绦虫等。

二、封片标本

上述绦虫的头节、颈节、成熟节片、孕卵节片等。

三、病理标本

犬复孔绦虫引起的动物肠管堵塞，曼氏迭宫绦虫引起的小肠病变及细粒棘球绦虫幼虫引起的肝脏、肺脏病变等。

工具准备

显微镜、培养皿、载玻片、盖玻片、尺子、放大镜等。

人员准备

任务角色	任务内容
组长：	任务：
组员：	任务：

任务实施

步骤一：用肉眼或借助手持放大镜观察虫体浸渍标本及病理标本。

步骤二：在光学显微镜下观察封片标本的形态构造。

步骤三：注意事项。

（1）从标本瓶内取出绦虫的浸渍标本时，一定要轻取轻放，以防节片脱落。

（2）在显微镜下观察绦虫头节、成熟节片和孕卵节片的染色制片标本时，要对照图谱进行观察。

（3）按有关标本管理要求，将本次实验用标本放回原处。

任务检测

任务四 蠕虫学粪学检查

任务导入

蠕虫学的实验室检查基本都靠粪便检查，在检查过程中感染的寄生虫的种类不同需要采取的操作方法也不相同，采集学院实习动物羊的新鲜粪便，进行实验室检查。

任务工单

班级＿＿＿＿＿＿　姓名＿＿＿＿＿＿　学号＿＿＿＿＿＿

<table>
<tr><td>任务名称</td><td colspan="4">蠕虫学粪便检查</td></tr>
<tr><td>任务描述</td><td colspan="4">任务内容：
1. 粪样采集及保存方法；
2. 虫体及虫卵简易检查法；
3. 漂浮法。
任务目的：
通过蠕虫学常见粪便检查，得出相应的预防控制措施。
任务流程：
1. 样品的正确采集及合理保存；
2. 实验室常见简单虫体及虫卵检查方法；
3. 饱和盐水漂浮法操作过程；
4. 实验注意事项及结果观察。
任务方法：
1. 虫体肉眼检查法；
2. 直接涂片法；
3. 尼龙筛淘洗法；
4. 饱和盐水漂浮法；
5. 浮聚法。</td></tr>
<tr><td>获取信息</td><td colspan="4">要完成任务，需要掌握相关的知识。请收集资料，回答以下问题。
1. 常见的寄生于动物的蠕虫有哪些？
2. 蠕虫实验室粪便检查有哪些注意事项？
3. 常见蠕虫虫卵的形态特征？</td></tr>
<tr><td>制订计划</td><td colspan="4"></td></tr>
<tr><td rowspan="4">任务实施</td><td colspan="4">按照预先制订的工作计划，完成本任务，并记录任务实施过程。</td></tr>
<tr><td>序号</td><td>完成的任务</td><td>遇到的问题</td><td>解决的办法</td></tr>
<tr><td></td><td></td><td></td><td></td></tr>
<tr><td></td><td></td><td></td><td></td></tr>
</table>

任务准备

知|识|准|备

一、粪样采集及保存方法

（一）粪样采集

被检粪样应该是新鲜且未被污染的，最好从直肠采取。大动物按直肠检查的方法采集；小动物可将食指套上塑料指套，伸入直肠直接钩取粪便。自然排出的粪便，要采取粪堆上部未被污染的部分。采取的粪便应装入清洁的容器内。采集用品最好一次性使用，如多次使用则每次都要清洗，相互不能污染。

（二）粪样保存

采取的粪便应尽快检查，否则，应放在冷暗处、冰箱或冷藏箱中保存。当地不能检查需送出或需要保存的时间较长时，可将粪样浸入加温至50~60 ℃、5%~10%的福尔马林中，使其中的虫卵失去活力，但仍保持固有形态，还可以防止微生物的繁殖。

二、虫体及虫卵简易检查法

（一）虫体肉眼检查法

虫体肉眼检查法适用于对绦虫的检查，也可用于某些胃肠道寄生虫病的驱虫诊断。操作方法：对于较大的绦虫节片和大型虫体，在粪便的表面或把粪便捣碎后就可以观察到。对于较小的绦虫节片和小型虫体，将粪样置于较大的容器中，加入5~10倍量的水（或生理盐水），彻底搅拌后静置10 min，然后倾去上层液，再重新加水、搅匀、静置，如此反复数次，直至上层液体透明为止，即反复水洗沉淀法。最后倾去上层液，每次取一定量的沉淀物放在黑色浅盘（或衬以黑色背景的培养皿）中观察，必要时可用放大镜或实体显微镜检查，发现虫体和节片则用分离针或毛笔取出，以便进一步鉴定。

（二）直接涂片法

直接涂片法适用于随粪便排出的蠕虫卵（幼虫）和球虫卵囊的检查。本法操作简便、快速，但检出率较低。操作方法：取50%甘油水溶液或普通水1~2滴滴于载玻片上，取火柴头大小的被检粪样与之混匀，剔除粗粪渣，加盖玻片镜检。

（三）尼龙筛淘洗法

尼龙筛淘洗法适用于体积较大虫卵（如片形吸虫卵）的检查。本法操作迅速、简便。

操作方法为取5~10 g粪便置于烧杯或塑料杯中，先加入少量的水，使粪便易于搅开。然后加入10倍量的水，用金属筛或纱布过滤于另一杯中。将粪液全部倒入尼龙筛网，先后浸入2个盛水的盆内，用光滑的圆头玻璃棒轻轻搅拌淘洗。最后用少量清水淋洗筛壁四周与玻璃棒，使粪渣集中于网底，用吸管吸取后滴于载玻片上，加盖玻片镜检。

三、沉淀法

本法的原理是虫卵可自然沉于水底，便于集中检查。多用于体积较大的虫卵的检查，如吸虫卵和棘头虫卵。

（一）彻底洗净法

取粪便5~10 g置于烧杯或塑料杯中，先加入少量的水将粪便充分搅开，然后加10~20倍量的水搅匀，用金属筛或纱布将粪液过滤于另一杯中，静置20 min后倾去上层液，用反复水洗沉淀法，直至上层液透明为止。最后倾去上层液，用吸管吸取沉淀物滴于载玻片上，加盖玻片镜检。

（二）离心沉淀法

取粪便3 g置于小杯中，先加入少量的水将粪便充分搅开，然后加10~15倍水搅匀，用金属筛或纱布将粪液过滤于另一杯中，然后倒入离心管，用天平配平后放入离心机内，2 000~2 500 r/min离心沉淀1~2 min，取出后倾去上层液，用反复水洗沉淀法，多次离心沉淀，直至上层液透明为止。最后倾去上层液，用吸管吸取沉淀物滴于载玻片上，加盖玻片镜检。本法可以缩短检查时间。

四、漂浮法

本法的原理是用比重较虫卵大的溶液作为漂浮液，使虫卵、球虫卵囊浮于液体表面，进行集中检查。漂浮法对大多数较小的虫卵，如某些线虫卵、绦虫卵和球虫卵囊等有很高的检出率，但对吸虫卵和棘头虫卵检出效果较差。

（一）饱和盐水漂浮法

取5~10 g粪便置于100~200 mL烧杯或塑料杯中，先加入少量漂浮液将粪便充分搅开，再加入约20倍的漂浮液搅匀，用金属筛或纱布过滤后，静置40 min左右，用直径0.5~1.0 cm的金属圈平着接触液面，提起后将液膜抖落于载玻片上，如此多次蘸取不同部位的液面，加盖玻片镜检。

（二）浮聚法

取2 g粪便置于烧杯或塑料杯中，先加入少量漂浮液将粪便充分搅开，再加入10~20倍的漂浮液搅匀，用金属筛或纱布将粪液过滤于另一杯中，然后将粪液倒入青霉素瓶，用吸管加至凸出瓶口为止。静置30 min后，用盖玻片轻轻接触液面顶部，提起后放入载玻片上镜检。

最常用的漂浮液是饱和盐水溶液，其制法是将食盐加入沸水中，直至不再溶解生成沉淀为止，1 000 mL水中约加食盐400 g。用4层纱布或脱脂棉过滤后，冷却备用。为了提高检出效果，还可用硫代硫酸钠、硝酸钠、硫酸镁、硝酸铵和硝酸铅等饱和溶液作漂浮液，大大提升了检出效果，甚至可用于吸虫卵的检查，但易使虫卵和卵囊变形。因此，检查必须迅速，制片时可补加1滴水。

材料准备

动物新鲜粪便、饱和盐水。

工具准备

粪缸、粗天平、镊子、粪筛、试管架、载玻片、盖玻片、显微镜。

人员准备

任务角色	任务内容
组长:	任务:
组员:	任务:

任务实施

步骤一：粪样采集及保存。

步骤二：虫体肉眼检查。

步骤三：直接涂片。

步骤四：尼龙筛淘洗。

步骤五：饱和盐水漂浮法。

步骤六：浮聚法。

步骤七：任务总结。

任务检测

任务五 蠕虫学完全剖检技术

任务导入

教师提供实验动物，通过剖检采集实验动物的全部寄生虫标本，并进行鉴定和计数，为诊断和了解蠕虫病的流行情况、防治和研究寄生虫病提供科学依据。

任务工单

班级__________ 姓名__________ 学号__________

<table>
<tr><td>任务名称</td><td colspan="4">蠕虫学完全剖检技术</td></tr>
<tr><td>任务描述</td><td colspan="4">任务内容：
采集实验动物的全部寄生虫标本，并进行鉴定和计数。
任务目的：
通过剖检，系统全面地掌握动物各个部位寄生虫的检查方法和手段，为诊断和了解疫病的流行情况、治疗和预防疫病奠定坚实的基础。
任务流程：
1. 进行剖检前的准备工作；
2. 剖检并采集寄生虫标本；
3. 对寄生虫标本进行鉴定和计数。
任务方法：
1. 淋巴结和皮下组织的检查及寄生虫的采集；
2. 头部各器官的检查及寄生虫的采集；
3. 腹腔各脏器的检查及寄生虫的采集；
4. 胸腔各器官的检查及寄生虫的采集；
5. 其他部位的检查及寄生虫的采集；
6. 分类鉴定和计数。</td></tr>
<tr><td>获取信息</td><td colspan="4">要完成任务，需要掌握相关的知识。请收集资料，回答以下问题。
1. 常见动物的生理构造是什么？
2. 动物蠕虫学剖检技术的流程是什么？
3. 动物蠕虫学剖检操作过程中的注意事项有哪些？</td></tr>
<tr><td>制订计划</td><td colspan="4"></td></tr>
<tr><td rowspan="4">任务实施</td><td colspan="4">按照预先制订的工作计划，完成本任务，并记录任务实施过程。</td></tr>
<tr><td>序号</td><td>完成的任务</td><td>遇到的问题</td><td>解决的办法</td></tr>
<tr><td></td><td></td><td></td><td></td></tr>
<tr><td></td><td></td><td></td><td></td></tr>
</table>

任务准备

知识准备

一、动物蠕虫剖检技术

根据实际工作中的要求不同，蠕虫学完全剖检术可分为寄生虫学完全剖检法、某个器官的寄生虫剖检法（如旋毛虫的调查等）和对某些器官内的某一种寄生虫的剖检法（如牛血吸虫的剖检收集法）。

（一）剖检前的准备

（1）动物的选择。因寄生虫病感染而需作出诊断的动物和驱虫药物试验的动物可直接用于寄生虫学剖检。而为了查明某一地区的寄生虫区系，必须选择确实在该地区生长的动物，并应尽可能选择不同的年龄和性别、同时瘦弱或有临床症状的动物作为主要调查对象。也可以采用因病死亡的家畜进行剖检。死亡时间一般不能超过24 h（一般虫体会在病畜死亡24~48 h崩解消失）。对每头用于寄生虫学剖检的动物都应在登记表上详细填写动物种类、品种、年龄、性别、编号、营养状况、临床症状等信息。

（2）选定的家畜在剖检前先绝食1~2 d，以减少胃肠内容物，便于寄生虫的检出。

（3）对家畜进行剖检前，应认真检查其体表并做好寄生虫的采集工作。观察体表的被毛和皮肤有无瘢痕、结痂、出血、皲裂、肥厚等病变，并注意对体外寄生虫（虱、虱蝇、蜱、痒螨、皮蝇幼虫等）的采集。

（4）在进行剖检前最好先取粪便进行虫卵检查、计数，初步确定该畜体内寄生虫的寄生情况，对以后寻找虫体时可能有所帮助。但也应注意，不要因为粪便检查结果，而给工作者带来不全面的主观印象，忽视了未在粪便中发现虫卵的那些虫体。

（5）剖检家畜进行动脉放血处死，如利用屠宰场的屠畜可按屠宰场的规定处理，但脏器的采集必须合乎寄生虫检查的要求。

（二）剖检主要过程

在家畜死亡或被捕杀后，首先制作血片，染色镜检，观察血液中有无寄生虫。然后进行剖检。剖检程序如下。

（1）淋巴结和皮下组织的检查及寄生虫的采集。按照一般解剖方法进行剥皮，并观察身体各部淋巴结和皮下组织有无虫体寄生。发现虫体随即采集并作记录。

（2）头部各器官的检查及寄生虫的采集。头部从枕骨后方切下，首先检查头部各个部位和感觉器官。然后沿鼻中隔的左或右约0.3 cm处的矢状面纵向锯开头骨，撬开鼻中隔，进行检查。

检查鼻腔鼻窦。取出虫体，然后在水中冲洗。沉淀后检查沉淀物，看有无羊鼻蝇蛆寄生。

检查脑部和脊髓。打开脑腔和脊髓管后先用肉眼检查有无绦蚴（脑多头蚴或猪囊尾蚴）、羊鼻蝇蛆寄生。再切成薄片压薄镜检，检查有无微丝蚴寄生。

检查眼部。先眼观检查，再将眼睑结膜及球结膜在水中刮取表层，水洗沉淀后检查沉淀物，最后剖开眼球，将眼房水收集在平皿内，在放大镜下检查是否有丝虫的幼虫、囊尾蚴、吸吮线虫寄生。

检查口腔。检查唇、颊、牙齿间、舌肌、咽头等处有无囊尾蚴、蝇蛆、筒线虫、蛭类寄生。

（3）腹腔各脏器的检查及寄生虫采集。按照一般解剖方法剖开腹腔，首先检查脏器表面的寄生虫和病变。再逐一对各个内脏器官进行检查。然后收集腹水，沉淀后观察其中有无寄生虫寄生。

（4）消化系统检查及寄生虫采集。在结扎食道末端和直肠后，先切断食道、胃肠上相连的肝、胰及肠系膜、直肠末端，取出消化系统。消化系统所属的肝、脾、胰也一并取出。再将食道、胃（反刍动物的4个胃应分开）、小肠、大肠、盲肠分段作二重结扎后分离。胃肠内有大量的内容物，应在1%的盐水中剖开，将内容物洗入液体中，然后对黏膜循序仔细检查，洗下的内容物则反复加1%盐水沉淀，待液体清澈无色为止，再取沉渣进行检查。为了检查沉渣中细小的虫体，可在沉渣中滴加碘液，使粪渣和虫体均染成棕黄色，继之以5%的硫代硫酸钠溶液脱色，但虫体着色后不脱色，仍然保持棕黄色，而粪渣和纤维均脱色，故棕色虫体易于辨认。

①食道。先检查食道的浆膜面，观察食道肌肉内有无虫体，必要时可取肌肉压片镜检。再剖开或用筷子将食道反转，仔细检查食道黏膜面，有无寄生虫的寄生。用小刀或载玻片刮取黏膜表层，压在两块载玻片之间检查，当发现虫体时，揭开上面的载玻片，用挑虫针将虫体挑出。应注意黏膜面有无筒线虫、纹皮蝇（牛）、毛细线虫（鸽子等鸟类）、狼旋尾线虫（犬、猫），浆膜面有无肉孢子虫（牛、羊）寄生。

②胃。应先检查胃壁外面。对于单胃动物，可沿胃大弯剪开，将内容物倒在指定的容器内，检出较大的虫体。然后用1%的盐水将胃壁洗净，取出胃壁并刮取胃壁黏膜的表层，把刮下物放在2块玻片之间作压片镜检。洗下物应加1%的盐水，反复多次洗涤，沉淀，等液体清净透明后，分批取少量沉渣，洗入大培养皿中，先后放在白色或黑色的背景上，仔细观察并检出所有虫体。在胃内寄生的有马的胃线虫、胃蝇蛆、马蛔虫、猪蛔虫、鸡的棘头虫，多种动物的颚口虫和毛圆线虫等。如有肿瘤时可切开检查。

对反刍兽可以先把第1、第2、第3、第4胃分开。检查第1胃时注意检出胃黏膜上的虫体，然后注意观察与胃壁贴近的胃内容物中的虫体，发现虫体全部检出来，胃内容物不必冲洗。第2、第3胃的检查方法同第1胃，但对第3胃延伸到第4胃的相连处要仔细检查，必要时可以把部分切下，采取同第4胃的检查方法。第4胃的检查方法同单胃动物胃的检查方法。

③肠系膜。分离前先以双手提起肠管，把肠系膜充分展开，然后对着光线从十二指肠起向后依次检查，看静脉中有无虫体（血吸虫）寄生，分离后剥开淋巴结，切成小块，压片镜检。

④小肠。把小肠分为十二指肠、空肠、回肠3段，分别检查。先将每段内容物倒入指定的容器内，再将肠壁翻转（将肠浆膜内翻入肠腔内，使其黏膜面翻到外面）。然后用1%盐水洗涤肠黏膜面，仔细检出残留在上面的虫体，沉淀物分别用反复沉淀法处理后，检查沉淀物中所有的虫体。看是否有毛圆线虫、钩虫、蛔虫、旋毛虫、同盘吸虫、华支睾吸虫、棘头虫及寄生于各种动物的相应绦虫、胃蝇蛆和球虫等。

⑤大肠。大肠分为盲肠、结肠和直肠3段，分段进行检查。在分段以前先对肠系膜淋巴结进行检查。在肠系膜附着部的对侧沿纵轴剪开肠壁，倾出内容物，以反复沉淀法检查沉淀物内寄生虫。对叮咬在肠黏膜上的寄生虫可直接采取，然后把肠壁用1%盐水洗净，仍用反复沉淀法检出洗下物中所有的虫体，已洗净的肠黏膜面再作一次仔细检查，最后再取肠黏膜压片检查，以免遗漏虫体。

⑥肝。首先观察肝表面有无寄生虫结节，如有可作压片检查。然后沿胆管剪开肝，检查有无寄生虫，其次把肝自胆管的横断面切成数块放在水中用两手挤压，或将其撕成小块，置37℃温水中，待其虫体自行走出（贝尔曼氏法原理）。充分水洗后，取出肝组织碎块并用反复沉淀法检查沉淀物。对有胆囊的动物要注意检查胆囊，可以先把胆囊从肝上剥离，把胆汁倾入大平皿内，加生理盐水稀释，检出所有的虫体最后检查胆汁，黏膜上有无虫体附着，也可用水冲洗，把冲洗后的水沉淀后，详细检查。

⑦胰腺。用剪刀沿胰管剪开，检查其中虫体，而后将其撕成小块，用贝尔曼法分离虫体，并用手挤压组织，最后在液体沉淀中寻找虫体。

⑧脾。检查法与胰腺相同。

（5）泌尿系统检查及寄生虫采集。骨盆腔脏器也用与消化系统同样的方式全部取出。先行眼观检查肾周围组织有无寄生虫。注意肾周围脂肪和输尿管壁有无肿瘤及包囊，如发现后切开检查，取出虫体。随后切取腹腔大血管，采取肾。剖开肾，先对肾盂进行肉眼检查，再刮取肾盂黏膜检查，最后将肾实质切成薄片，压于两玻片间，在放大镜或解剖镜下检查。剪开输尿管、膀胱和尿道检查其黏膜，并注意黏膜下有无包囊。收集尿液，用反复沉淀法处理。检查有无肾虫的寄生。

（6）生殖器官的检查及寄生虫采集。检查内腔，并刮取黏膜表面作压片及涂片镜检。怀疑为马媾疫或牛胎儿毛滴虫时，应涂片染色后油浸镜检查。

（7）胸腔各器官的检查及寄生虫的采集。胸腔脏器的采集，按一般解剖方法切开胸壁，注意观察脏器表面有无寄生虫蚴及其自然位置与状态，然后连同食管及气管采取胸腔内的全部脏器，并收集储留在胸腔内的液体，用水洗沉淀法进行寄生虫检查。

①呼吸系统检查及寄生虫检查（肺和气管）。从喉头沿气管、支气管剪开，注意不要

把管道内的虫体剪坏，发现虫体即应直接采取。然后用载片刮取黏液加水稀释后镜检。再将肺组织在水中撕碎，采用与肝相同的处理法检查沉淀物。对反刍兽肺的检查应特别注意小型肺线虫，可把寄生性结节取出放在盛有微温生理盐水的平皿内，然后分离结节的结缔组织，仔细摘出虫体，洗净后，即行固定。

②心脏及大血管。先观察心脏外面，检查心外膜及冠状动脉沟。然后剪开心脏仔细的观察内腔及内壁。将内容物洗于1%的盐水中，用反复沉淀法检查。大血管也应剪开，特别是肠系膜动脉和静脉要剪开检查，注意是否有吸虫、线虫及绦虫幼虫的存在。收集检查血管内的分体吸虫，如有虫体，小心取出。马匹应检查肠系膜动脉根部有无寄生性肿瘤。对血液应作涂片检查。

（8）其他部位的检查及寄生虫的采集。

①膈肌及其他部位肌肉的检查。从膈肌脚及其他部位肌肉切取小块，仔细眼观检查，然后作压片镜检。取咬肌、腰肌及臀肌检查囊尾蚴，取膈肌检查旋毛虫及住肉孢子虫。

②腱与韧带的检查。有可疑病变时检查相应部位的腱与韧带，注意观察蟠尾丝虫等。

二、禽类的完全剖检技术及寄生虫的采集

分别采集体表的寄生虫，然后杀死，检查皮肤表面所有的赘生物和结节，腹部向上置于解剖盘内，拔去颈、胸和腹部羽毛，剥开皮肤后，注意检查皮下组织。

用外科刀切断连接两个肩胛骨和肱骨背面的肌肉，然后用一手固定头的后部，以另一手提取切断的胸骨部，逐渐向脊部翻折，最后完全掀下带肌肉的胸骨，用解剖刀柄把整个腹部的皮肤和肌肉分离开，向两侧拉开皮肤，露出所有的器官。

检查时除应特别注意各脏器的采取外，还可以把消化道分为食管、嗉囊、肌胃、腺胃、小肠、盲肠、直肠等部位，每段进行两端结扎，分别进行寄生虫的检查。嗉囊的检查，剪开囊壁后，倒出内容物做一般眼观检查。然后把囊壁拉紧进行透光检查。肌胃的检查，切开胃壁，倒出内容物，作一般检查后，剥离角质膜再作眼观检查。仔细检查气囊和法氏囊。

其他各脏器的检查方法和上述方法基本相同。各脏器的内容物如限于时间不能当日检查完毕，可在反复沉淀之后，4%的福尔马林固定保存沉淀物，以待随后检查。反复沉淀法时，应注意防止微小虫体被随水倒掉。收集虫体时避免将其损坏，检出的虫体随时放入预先盛有生理盐水并记有编号和脏器名标签的平皿内。禽类胃肠道的虫体应在尸体冷却前检出。

三、食肉动物的完全剖检技术及寄生虫的采集

食肉动物如犬、狼、狐等的寄生虫，有些种（如棘球绦虫）是人兽共患寄生虫，在剖检动物时，须严防操作者被感染和污染环境。所以剖检时要求按照如下操作方法来做。

剖检前先观察体表有无寄生虫，如有寄生虫如蚤、虱、蜱、螨等，直接采集保存于70%的酒精中，然后将动物固定于解剖台上（腹部向上），切开腹壁，先检查体腔内有无寄生

虫，再查看内脏有无寄生虫病变，然后分别采取胸、腹腔内器官，分别置于盆内。操作者应穿戴个人防护衣帽、胶靴、手套、口罩，两人为一组，先在每个瓷盆内加入1%的盐水1 000 mL。操作动作要轻快、稳准，防止盐水溅出。一人手持镊子，另一人手握肠管、剪刀，两人合作。剖检消化道时，先剪离肠系膜，注意不要破坏肠壁，使肠管能拉直，把肠管分段，再把小肠放在另一盆内，其余肠段留在原盆内。徐徐剪开小肠壁，边剪边仔细观察有无寄生虫，有虫时则把肠内容物及肠黏膜一起刮入盆中，刮时要慢而稳，防止内容物溅出。如内容物中小型虫体很多，可把盆内容物搅匀后，用带刻度的长胶皮头滴管吸取10~15 mL，置于直径55 mm的玻璃平皿中（每皿内盛5 mL），在低倍镜下依次全面查虫，分类计数，然后计算出盆内各类虫体的总数。采取大型绦虫的标本时，应将吸附有头节的肠壁部分剪下，连同整个虫体浸入清水中数小时，则绦虫头节即可自然与肠壁脱离，如果强行拉下虫体，则吸附于肠壁的头节易与链体断离，损坏标本。取得完整的绦虫标本后，再移置于清水中漂洗除去黏附的污物，浸入清水中8~12 h，使虫体松弛，然后将虫体放置于较大的长方形瓷盘中，倾入5%的福尔马林液固定。对小型虫体如棘球属绦虫，放在1%盐水中洗，再移入缓冲液中洗，把洗净的虫体用滴管吸上置载玻片上，以2~3条为一组，盖玻片稍加压力，使虫体变扁薄，但又不破裂。从旁滴加10%的福尔马林固定4 h以上，然后连载玻片，虫体和盖玻片一同置入盛10%福尔马林的烧杯中，浸泡1~2 d，再将虫体移入5 %的福尔马林液中保存。对中型线虫，检出后放在生理盐水中漂洗，和其他肠段的线虫一样，洗净后用5 %的甘油酒精固定保存。

其他各种内脏的处理和标本的采集方法，同前。

在整个剖检过程中，特别是对棘球绦虫患犬的剖检，应时刻注意凡是用过的任何用具、肠管、内容物，洗液等，绝不能到处乱放，必须煮沸半小时后，待自然冷却到30 ℃左右，虫卵已被杀灭后，再把肠及内容物倒入地坑内。对所有用具要用肥皂、清水洗净。操作者虽然穿戴着防护服装，但应尽量做到不污染。所用手套可浸泡在10%的福尔马林液中1~2 d，工作服煮沸消毒，地面可撒生石灰或用喷灯喷烧。

四、实验注意事项

各种寄生虫都有固定寄生部位，在进行畜禽全身解剖、检查并采集寄生虫时，解剖某器官组织时，应注意到该器官、组织部位可能有什么寄生虫寄生，并进行仔细的观察与检查。有些季节性寄生虫，还应注意剖检的季节。有些寄生虫受年龄免疫的影响，则应考虑到年龄问题，避免某些寄生虫被遗漏。

检查过程中，若脏器内容物不能立即检查完毕，可在反复水洗沉淀后，用4%的福尔马林固定保存沉淀物，以后再详细进行检查。

注意观察寄生虫所寄生器官的病变，对虫体进行计数，为寄生虫病的准确诊断提供依据。病理组织或含虫组织标本用10%的福尔马林溶液固定保存。对有疑问的病理组织应做切片检查。

采集的寄生虫标本分别置于不同的容器内。按有关各类寄生虫标本处理方法和要求进行处理保存，以备鉴定。由不同脏器、部位取得的虫体，应按种类分别计数，分别保存，均采用双标签，即投入容器中的内标签和在容器外再贴上外标签，最后把容器密封。内标签可用普通铅笔书写，标签上应记明畜别、编号、虫体类别、数目及检查日期等。

在采集标本时，也应有登记本或登记表，将标本采集时的有关情况，按标本编号，记于登记表或登记本上（表4-2）。对虫体所引起的宿主的主要病理变化也应做详细的记载。然后统计寄生虫的种类，感染率和感染强度，以便汇总。

材料准备

生理盐水、20%的福尔马林、10%的福尔马林、5%的福尔马林、70%的酒精、1%的盐水等。

工具准备

解剖刀、解剖剪、镊子、标本瓶、体视显微镜、透视显微镜、贝尔曼法装置、瓷盆、瓷量杯、带胶皮头玻璃滴管、玻璃烧杯、载玻片、盖玻片等。

人员准备

任务角色	任务内容
组长：	任务：
组员1：	任务：
组员2：	任务：
组员3：	任务：

任务实施

步骤一：剖检前的准备。

步骤二：剖检主要过程。

（1）淋巴结和皮下组织的检查及寄生虫的采集。

（2）头部各器官的检查及寄生虫的采集。

（3）腹腔各脏器的检查及寄生虫的采集。

（4）胸腔各器官的检查及寄生虫的采集。

（5）其他部位的检查及寄生虫的采集。

（6）填写表4-2。

表4-2　畜禽寄生虫剖检记录表

编号：　　　　　　　　　　　　　检查日期：　　　　年　月　日

<table>
<tr><td>地区</td><td colspan="11"></td></tr>
<tr><td>畜禽类别</td><td></td><td>品种</td><td></td><td>性别</td><td></td><td>年龄</td><td></td><td>营养</td><td></td><td>产地</td><td></td></tr>
<tr><td>病例及其他</td><td colspan="11"></td></tr>
<tr><td rowspan="7">采集寄生虫情况</td><td>寄生部位</td><td colspan="2">虫名</td><td>数目/条</td><td colspan="2">瓶号</td><td>瓶数</td><td colspan="2">主要病变</td><td colspan="2">备注</td></tr>
<tr><td></td><td colspan="2"></td><td></td><td colspan="2"></td><td></td><td colspan="2"></td><td colspan="2"></td></tr>
<tr><td></td><td colspan="2"></td><td></td><td colspan="2"></td><td></td><td colspan="2"></td><td colspan="2"></td></tr>
<tr><td></td><td colspan="2"></td><td></td><td colspan="2"></td><td></td><td colspan="2"></td><td colspan="2"></td></tr>
<tr><td></td><td colspan="2"></td><td></td><td colspan="2"></td><td></td><td colspan="2"></td><td colspan="2"></td></tr>
<tr><td></td><td colspan="2"></td><td></td><td colspan="2"></td><td></td><td colspan="2"></td><td colspan="2"></td></tr>
<tr><td></td><td colspan="2"></td><td></td><td colspan="2"></td><td></td><td colspan="2"></td><td colspan="2"></td></tr>
<tr><td>附记</td><td colspan="11"></td></tr>
</table>

剖检单位__________　　　　　　剖检者姓名__________

注：对所有虫体标本必须逐一观察，鉴定到种或属，遇到疑问时应将虫体取出单放，注明来自何种动物脏器及有关资料，然后寄交有关单位协助鉴定，并在原登记表中注明寄出标本的种类、数量、寄出的日期等。对于特殊和有价值的标本应进行绘图，测定各部尺寸，并进行显微镜照相。已鉴定的虫体标本可按寄生部位和寄生虫种类分别保存，并更换新的标签。

任务检测

任务评价

课程思政专栏

抗“虫癌”专家樊海宁

包虫病是一种人兽共患寄生虫病，若不及时治疗，病死率极高，因此被称为“虫癌”。长期以来，包虫病已成为农牧区群众因病致贫、因病返贫的重要原因之一。为防止出现因病致贫、因病返贫，多年来樊海宁——青海大学附属医院教授，包虫救治专家，先后与省红十字会、青海省地方病预防控制所、青海省慈善总会和国内公益基金会合作，开展“三江源包虫病救助公益行”救助活动，在青海省内首次推进包虫病防治公益诊疗、精准医疗扶贫等公益医疗救助项目，开展包虫病防治宣教、免费筛查、藏汉双语宣教等，先后筹集公益救助资金1 000万余元，为患者免费检查、免费手术治疗、免费提供药物治疗，为贫困患者解除了后顾之忧。

资料来源：学习强国平台

项目五

识别蜱及昆虫病

项目导读

掌握蜱虫、螨虫及昆虫的形态特征，正确区分常见的其他相似虫体，从而准确诊断由此引起的寄生虫病。只有准确识别常见的蜱虫病、螨虫病及昆虫病，才能进行针对性治疗和预防，更好地指导畜牧业生产实践。

知识目标

1. 掌握常见蜱虫、螨虫的一般形态结构。
2. 掌握常见蜱虫、螨虫的生活史和分类。
3. 掌握常见蜱虫、螨虫的虫卵特征。
4. 掌握常见蜱虫、螨虫病的分布及发生特点。

技能目标

1. 能进行不同蜱虫、螨虫及昆虫形态结构的鉴别。
2. 能进行常见蜱虫病、螨虫病的诊断并根据诊断结果提供相应的防治措施。
3. 能独立完成实验室螨虫病的诊断。
4. 能进行蜱虫、螨虫及昆虫引起的寄生虫病的防治。

素质目标

1. 通过学习，具备评估动物寄生虫病对动物健康和人类健康造成的威胁的能力，能够分析其传播途径和高发地区。

2. 通过学习，能够正确选择和使用相应的驱虫药物，并在必要时进行动物的隔离和治疗，以保障动物的健康，控制人兽共患病。

3. 通过学习，能够向他人介绍动物寄生虫病的基本知识、预防方法和重要性，提高公众的寄生虫防控意识。

思政目标

1. 弘扬爱国主义精神。通过学习动物寄生虫病的预防和控制知识，培养爱护动物和保护生态环境的意识，增强珍惜国家资源的意识和社会责任意识。

2. 提升社会责任感。通过深入了解动物寄生虫病给动物健康和人兽共患病带来的危害，培养社会责任感，并积极参与动物疾病预防和控制工作，为社会公益事业贡献自己的力量。

3. 培养科学态度和思维方式。通过学习动物寄生虫病的知识，培养科学思维方式，学会用科学的方法分析和解决问题，避免盲目相信传言和迷信观念。

任务一 蜱螨形态观察和螨虫病诊断

任务导入

教师提供实验室常见的蜱虫及螨虫的各类标本，并提供相应的案例，学生进行诊断并得出结论。

任务工单

班级＿＿＿＿＿＿　姓名＿＿＿＿＿＿＿＿　学号＿＿＿＿＿＿

<table>
<tr><td>任务名称</td><td colspan="4">蜱螨形态观察和螨虫病诊断</td></tr>
<tr><td>任务描述</td><td colspan="4">任务内容：
观察常见蜱虫和螨虫的形态结构特征；学会实验室诊断螨虫的技术。
任务目的：
掌握蜱螨及其病料的采集方法，认识各种蜱螨的一般形态特征。
掌握疥螨、痒螨的主要区别。
掌握螨病的诊断方法。
任务流程：
1. 蜱螨的采集，包括畜禽体上蜱螨的采集和周围环境中蜱螨的采集；
2. 蜱螨的固定与保存；
3. 蜱螨的鉴定与分类。
任务方法：
1. 直接检查法；
2. 显微镜下直接检查法；
3. 虫体浓集法；
4. 温水检查法；
5. 培养皿内加温法。</td></tr>
<tr><td>获取信息</td><td colspan="4">要完成任务，需要掌握相关的知识。请收集资料，回答以下问题。
1. 常见的感染动物的蜱虫和螨虫有哪些？
2. 常见的蜱螨的生活史有哪些？
3. 常见蜱虫螨虫的防治措施有哪些？</td></tr>
<tr><td>制订计划</td><td colspan="4"></td></tr>
<tr><td rowspan="4">任务实施</td><td colspan="4">按照预先制订的工作计划，完成本任务，并记录任务实施过程。</td></tr>
<tr><td>序号</td><td>完成的任务</td><td>遇到的问题</td><td>解决的办法</td></tr>
<tr><td></td><td></td><td></td><td></td></tr>
<tr><td></td><td></td><td></td><td></td></tr>
</table>

任务准备

知识准备

一、蜱螨的采集

（一）畜禽体上蜱螨的采集

1. 畜禽体上蜱的采集

在畜禽体表常有蜱类寄生。蜱的个体较大，肉眼观察即可发现。除采集肉眼观察到的蜱以外，还要用手触摸动物的多毛部位，有时可查到毛掩盖下的蜱，在检查发现后用手或小镊子捏取，或将附有虫体的毛或羽剪下，置于培养皿中，再仔细收集。寄生在畜体上的蜱类，常将假头深刺入皮肤，如不小心拔下，则会将其口器折断而留于皮肤中，致使标本不完整，且留在皮下的假头还会引起局部炎症。拔取时应使虫体与皮肤垂直，慢慢地拔出假头，或以煤油、乙醚或氯仿抹在蜱身上和被叮咬处，等其被麻醉后再拔取。从小型动物如啮齿类和鸟类身体上采集时，应将捕获的动物装入事先准备好的袋子里，每只动物装一袋，扎紧袋口，带回实验室后检查并采集蜱类。

2. 畜禽体上螨的采集

（1）疥螨、痒螨的刮取与检查。螨的个体较小，常需刮取皮屑，在显微镜下寻找虫体或虫卵。刮取皮屑时应首先详细检查病畜禽全身，找出所有患部，然后在新生的患部与健康部交界的地方，剪去长毛，用锐匙或外科凸刃刀在体表刮取病料，所用器械在酒精灯上消毒后，与皮肤表面垂直，反复刮取皮肤直至微微出血，此点对检查寄生于皮内的疥螨尤为重要。取样后用碘酒对该处消毒。在野外进行工作时，为了避免风将刮下的皮屑吹去，刮时可将刀子沾上50%的甘油水溶液。这样可使皮屑黏附在刀上。

①直接检查法。将刮下物放在黑纸上或有黑色背景的容器内，置温箱中用白炽灯照射一段时间，然后收集从皮屑中爬出的黄白色针尖大小的点状物在镜下检查。此方法适用于体形较大的螨（如痒螨）。

②显微镜下直接检查法。将刮下的皮屑，放于载玻片上，滴加50%的甘油水溶液（可使皮屑透明，虫体短期内不会死亡，可观察到其活动），覆以另一张载玻片。搓压玻片使病料散开，置显微镜下检查。

③虫体浓集法。为了在较多的病料中，检出其中较少的虫体，可采用浓集法提高检出率。

先取较多的病料，置于试管中，加入10%的氢氧化钠溶液。浸泡过夜（如亟待检查可在酒精灯上煮数分钟），使皮屑溶解，虫体自皮屑中分离出来。而后待其自然沉淀或以2 000 r/min 离心沉淀5 min，虫体即沉于管底，弃去上层液，吸取沉渣镜检。也可将采用上述方法处理的病料加热溶解离心后，倒去上层液，再加入60%的硫代硫酸钠溶液，充分混匀后，直立待虫体上浮或离心2~3 min，螨体即漂浮于液面上，用金属环蘸取表面薄膜，抖落于载玻片上，加盖玻片镜检。

④温水检查法。用幼虫分离法装置，将刮取物放在盛有40 ℃左右温水的漏斗上的铜筛中，0.5~1 h后，由于温热作用，螨从痂皮中爬出集成小团沉于管底，取沉淀物进行检查。

⑤培养皿内加温法。将刮取到的干的病料，放于培养皿内，加盖。将培养皿放于盛有40~45 ℃温水的杯上，经10~15 min 后，将皿翻转，则虫体与少量皮屑黏附于皿底，大量皮屑则落于皿盖上，取皿底检查。可以反复进行如上操作。

（2）蠕形螨的采集与检查。蠕形螨寄生在毛囊内，检查时先在动物四肢的外侧和腹部两侧、背部、眼眶四周、颊部和鼻部的皮肤上检查是否有砂粒样或黄豆大的结节或脓疱。如有，用小刀切开病变部位挤压，看到有脓性分泌物或淡黄色干酪样团块时，则可将其挑在载片上，滴加生理盐水1~2滴，均匀涂成薄片，上覆盖玻片，在低倍显微镜下进行观察。

（二）周围环境中蜱螨的采集

1. 畜禽舍地面和墙缝内蜱螨的采集

在牛舍的墙边或墙缝中，可找到璃眼蜱。在鸡的窝巢内栖架上和干燥铺垫物中，可找到软蜱和皮刺螨。

2. 动物洞穴内蜱的采集

较大的洞穴，可用长柄的勺子采集洞中的浮土，然后在土中采集蜱类标本，对较小动物的洞穴可用探蚤管采集。

3. 牧地上蜱的收集

根据不同蜱种的生活习性采取相应的采集方法。

二、蜱螨的固定与保存

在动物体表或外界环境中采集到的蜱螨类，可按以下方法固定和保存。

（一）温固定

蜱螨用液体固定可使标本保持原来的形态，利于教学和科研使用。应小心地由动物体表摘下或从拖网上取下蜱，防止蜱的假头断落。先投入开水中数分钟，让其肢体伸直，便于日后观察。然后保存在70%的酒精内，为防止因酒精蒸发使蜱的肢体变脆，可加入数滴甘油。或把蜱螨先投入经加温的70%的酒精（60~70 ℃）固定，1 d后保存于5%的甘油酒精（70%）中；也可用5%~10%的福尔马林和布勒氏（Bless）液［福尔马林原液7 mL，酒精（70%）90 mL，冰醋酸（临用前加入3~5 mL混合配成）］固定保存。固定液体积须超过所固定标本体积的10倍，标本方能不坏。如此保存的蜱螨标本可供随时观察。

所有保存标本须详细记录标本名称、宿主、采集地点、采集日期及采集者姓名。用铅笔写好标签放入瓶内，保存标本的瓶应用蜡封严。

（二）湿封法

蜱螨类标本通常不染色，不做完全脱水，可用湿封法制成标本。将新鲜采得的病料散放在一块玻璃上，铺成薄层，病料四周应涂少量凡士林，防止虫体爬散，为了促使螨类活动加强，可将玻璃稍微加温，然后用低倍镜检视，如发现虫体爬行于绒毛和皮屑之间，用分离针尖挑出单独的虫体，放置在预先安排好的其上有一滴布勒氏（Bless）液的载玻片上，移到显微镜下判定其背或腹面，然后盖一个1/4的小盖玻片，再用分离针尖轻压小盖玻片，并做圆圈运动，尽量使其肢体伸直。待自然干燥约1周时间，再在小盖玻片上加盖普通盖玻片，用胶封固，即成为永久保存的标本。

三、蜱螨的鉴定分类

先用肉眼或放大镜观察蜱螨的浸渍标本，注意其形态、大小、颜色、雌雄。再用低倍镜或体视镜观察蜱螨的玻片标本或浸渍标本，注意其形态构造（假头基、口器、螯肢、脚须、口下板、背甲眼、缘饰、足、气门板、肛门、生殖孔等）。结合病理标本，掌握蜱螨病的诊断技术。蜱螨的鉴定分类，均以其外部形态结构为依据。各类蜱螨的形态结构特征参照本实验后面所附的参考资料部分。

四、疥螨病

疥螨是由疥螨科疥螨属的疥螨寄生于动物皮肤内引起的皮肤病，又称为癞。本病的主要特征是剧痒、湿疹性皮炎、脱毛，患部逐渐向周围扩展并具有高度传染性。本病感染有特异性，偶尔有交叉感染。

（一）病原体

疥螨呈龟形，虫体小呈圆球形，背面隆起，腹面扁平，微黄色，大小为0.2~0.5 mm。口器为假头，呈蹄铁形，为咀嚼式，后方一对粗短的垂直刚毛，肢粗而短，第3、第4对不突出体缘，雄虫的第1、第2、第4对肢末端有吸盘，第3对肢末端有刚毛。雌虫第1、第2对肢端有吸盘，第3、第4对肢有刚毛。吸盘柄长，不分节，虫体背面有细横纹、椎突、鳞片和刚毛。虫卵呈椭圆形，大小为50 μm×100 μm。

（二）流行病学

感染来源是患病动物和带虫动物，通过直接接触而感染，也可通过被污染的用具而间接感染。疥螨可感染羊、牛、猪、马及各种哺乳动物，但猪和山羊最易感染。有宿主特异性，但有时并不十分严格，存在交叉感染的情况。雌虫产卵数量虽然较少，但发育速度很快，在适宜的条件下2~3周即可完成一个世代。疥螨在动物体上遇到不利条件时可进入休眠状态，休眠期长达5~6个月，此时对各种理化因素的抵抗力强。离开动物后可生存2~3周，并保持侵袭力。

动物圈舍潮湿，饲养密度过大，皮肤卫生状况不良是本病发生的主要诱因。尤其在秋末以后，动物毛长而密，阳光直射动物时间较少，皮温恒定，湿度增高而利于螨的生长繁殖。

（三）生活史

疥螨的生活史属于不完全变态类，一生都寄生在动物体上，发育过程包括卵、幼虫、若虫和成虫4个阶段。雌雄虫交配后，雄虫死亡，雌虫的寿命周期为4~5周。雌虫在宿主皮肤内利用螯肢挖凿隧道，以角质层组织和渗出的淋巴液为食，并在此中产卵，一生可产卵40万~50万个。卵经3~8 d孵化出幼虫，幼虫变为若虫，若虫的雄虫经一次蜕皮、雌虫经2次蜕皮变为成虫。发育过程需要2~3周。在适宜条件下繁殖能力极强，3个月可繁殖6个世代。条件不利时则停止繁殖，但能长期存活，是该病时常复发的原因。

（四）致病作用

螨采食时直接刺激或分泌有毒物质刺激皮肤，使皮肤发生剧烈的痒感和炎症，由于痒，动物经常摩擦而使患部严重脱毛。病变首先起始于头、口、鼻、眼、耳部及胸部，后全身发病。皮肤出现小丘疹和水泡，后期化脓，变为脓疱；水泡和脓疱破溃，流出渗出液和脓汁，干涸后形成黄色痂皮。随着病情继续发展，破坏至包囊和汗腺，表皮角质化，结缔组织增生，皮肤变厚而失去弹性，形成皱褶和龟裂，脱毛处不利于螨的生长发育，使虫体逐渐向四周扩散，导致病变不断蔓延。

（五）临床症状

动物表现出烦躁不安的情绪，影响采食、休息和消化机能。冬季发生脱毛，体温外散，使脂肪被大量消耗，病畜逐渐消瘦，甚至衰竭死亡，死亡率很高。疥螨在各种动物的寄生部位有所不同。猪、犬、猫、骆驼易发生疥螨病，病变多在头颈部（但犬和骆驼可扩大到全身）；羊多集中于头部；牛可波及全身；兔多在头部和脚爪部；马可遍及全身。

（六）诊断

根据流行病学、病状和皮肤刮下物的实验室检查即可诊断。注意与以下病症相鉴别：

虱和毛虱，皮肤病变不如疥螨病严重，眼观检查体表可发现虱或毛虱。

秃毛癣为界限明显的圆形或椭圆形病灶，覆盖易剥落的浅灰色干痂，痒觉不明显，对皮肤刮下物检查可发现真菌。

湿疹传染性，在温暖环境中痒觉不加剧，皮屑中无螨。

过敏性皮炎无传染性，病变从丘疹开始，以后形成散在的小干痂和圆形秃毛斑，病料中无螨。

五、痒螨病

痒螨病是由痒螨科痒螨属的痒螨寄生于动物皮肤表面引起的一种皮肤病。多寄生于绵羊、牛、马、兔等动物，有宿主特异性，互相不交叉感染。

（一）病原体

痒螨，椭圆形，大小为0.5~0.8 mm，肉眼可见。口器长，呈圆锥状刺吸式。足细长，末端有带柄的吸盘，雌虫第1、第2、第4对肢，雄虫第1、第2、第3对肢的末端有吸盘。4对足均突出虫体边缘。虫体腹面后部有1对交合吸盘，尾端有个尾突，其上有数根刚毛（图5-1）。虫卵呈灰白色、椭圆形，卵内含有不均匀的卵胚或已成形的幼虫。

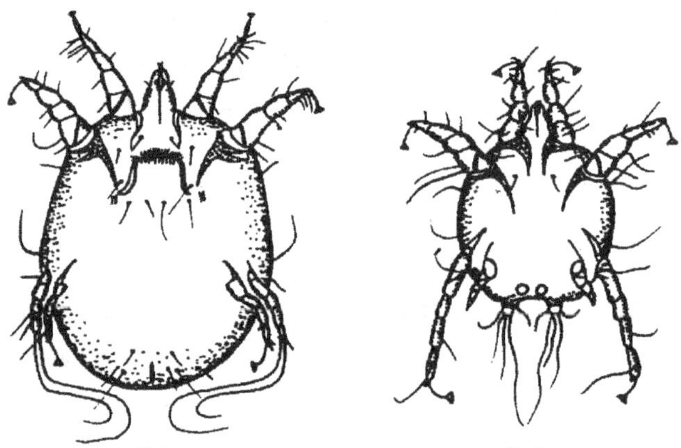

雌虫　　雄虫

图5-1　痒螨

（张宏伟 等，2012）

（二）流行病学

特点同疥螨相似，但有严格的宿主特异性。痒螨主要经接触传播。痒螨病多发生于秋、冬季节，但夏季也有潜伏型的痒螨病，病变处比较干燥，常见于肛门周围、阴囊、包皮、胸骨处。

（三）生活史

痒螨寄生于动物体表有毛部位的皮肤表面，被毛稠密的长毛处更多，以吸取宿主的组织液和淋巴液为营养。发育过程与疥螨相似，整个过程都在宿主体表进行，雌螨在皮肤表面产卵，一生产卵约40个，条件适宜时，整个发育周期为2~3周，条件不利时可转入5~6个月的休眠期，以增加对外界的抵抗力。

（四）临床症状

绵羊、牛、兔和马均可发病，其中以绵羊、牛和兔痒螨多见。疥螨多发生于山羊。

绵羊：多发生于毛厚部位和耳壳背面，先发生于背、臀部，后蔓延到体侧和全身；出现剧痒，皮肤出现丘疹、小水泡、脓疱、结痂、脱毛、皮肤变厚等一系列典型病变；绵羊消瘦、贫血；寒冷季节可导致绵羊大批死亡。

牛：主要发生于颈部、肩、角根及尾根部，后期可蔓延至全身，病状与绵羊相似。

兔：主要发生于外耳道，引起外耳道炎，表现为耳分泌物增多，干涸结痂，耳变形下垂，剧痒，经常摇头。

犬：主要发生于外耳道，引起大量的耳脂分泌；初期会有褐色分泌物，后期有时会堵塞耳道；病犬经常摇头，搔抓或摩擦耳部，造成淋巴液外渗或出血，甚至会引起血肿。

（五）诊断

根据流行病学和临诊病状可初步诊断。必要时可采取皮肤刮下物进行实验室检查，发现痒螨确诊。

诊断时应与疥螨做区别诊断。疥螨多发生于皮肤薄、被毛稀少的部位，痒螨多发生于被毛长而稠密的部位；疥螨病患病渗出物少，痒螨病患病渗出物多；痒螨比疥螨更容易造成脱毛。

（六）治疗

对已经确诊的螨病动物应该及时进行隔离。患病动物可选用药浴进行治疗。

（七）防治

定期进行畜群检查和灭螨工作，动物栏舍要保持干燥，光照充足，通风良好；动物群密度适宜；引进动物要进行严格的临诊检查，疑似动物应尽早确诊，并隔离治疗；被污染的栏舍及用具用杀螨剂处理；羊群应在剪毛后 7 d进行药浴。

材|料|准|备

一、标本

各种蜱螨的浸渍标本和切片标本，螨虫的病理标本等。

二、实验动物

患蜱螨病的家畜、家禽。

三、药品

50%的甘油溶液，5%的甘油酒精（70%），5%或10%的福尔马林，布勒氏（Bless）液，

10%的氢氧化钠，5%的碘酒，60%的硫代硫酸钠溶液等。

工|具|准|备

体视解剖显微镜、透视生物显微镜、放大镜、小瓷盘、脱镜纸、滴管、载玻片、盖玻片、标本瓶、剪刀、镊子、手术刀、培养皿、酒精灯等。

人|员|准|备

任务角色	任务内容
组长：	任务：
组员：	任务：

任务实施

步骤一：采集蜱螨。

（1）采集畜禽体上的蜱螨。可采用直接检查法、显微镜下直接检查法、虫体浓集法、温水检查法、培养皿内加热法。

（2）采集周围环境中的蜱螨。采集地点为畜禽舍地面和墙缝中、动物洞穴、牧地。

步骤二：蜱螨的固定与保存。

步骤三：蜱螨的鉴定与分类。

步骤四：任务总结。

任务检测

任务二 动物蝇蛆病、虱病的病原形态观察

任务导入

教师提供实验室常见蝇蛆的各类标本，并提供相应的案例，要求学生进行诊断并得出结论。

任务工单

班级________　姓名________　学号________

<table>
<tr><td>任务名称</td><td colspan="4">动物蝇蛆病、虱病的病原形态观察</td></tr>
<tr><td>任务描述</td><td colspan="4">任务内容：
观察常见蝇蛆形态结构特征；学会实验室诊断蝇蛆病的技术。
任务目的：
1. 通过对比观察方法，掌握牛皮蝇、羊狂蝇、马胃蝇各发育阶段（成虫及蛆）的形态特征；
2. 了解上述病原的分类位置及其种属间的鉴别根据；
3. 了解虱、毛虱和蚤的形态特征。
任务流程：
1. 多媒体观察；
2. 针插标本、浸渍标本、切片标本和病理标本观察；
3. 肉眼观察或体式显微镜观察。
任务方法：
1. 直接检查法；
2. 显微镜下直接检查法；
3. 对比检查法。</td></tr>
<tr><td>获取信息</td><td colspan="4">要完成任务，需要掌握相关的知识。请收集资料，回答以下问题。
1. 常见的动物蝇蛆病有哪些？
2. 常见的动物蝇蛆病的生活史有哪些？
3. 各种动物蝇蛆病的鉴别要点及防治措施有哪些？</td></tr>
<tr><td>制订计划</td><td colspan="4"></td></tr>
<tr><td rowspan="4">任务实施</td><td colspan="4">按照预先制订的工作计划，完成本任务，并记录任务实施过程。</td></tr>
<tr><td>序号</td><td>完成的任务</td><td>遇到的问题</td><td>解决的办法</td></tr>
<tr><td></td><td></td><td></td><td></td></tr>
<tr><td></td><td></td><td></td><td></td></tr>
</table>

任务准备

知|识|准|备

一、牛皮蝇蛆虫病

牛皮蝇蚴虫病，又称为牛皮蝇蛆病。是皮蝇科皮蝇属的幼虫寄生于动物皮下组织所引起的疾病。主要感染牛，偶尔可寄生于马、驴、野生动物和人。

（一）病原体

主要是牛皮蝇和纹皮蝇。其中以牛皮蝇为常见。两种蝇形态相似，外形如蜂。有3对足及1对翅，体表被有绒毛，复眼不大，有3个单眼，触角无分支，口器退化。

（1）牛皮蝇。成虫体长15 mm。头部绒毛呈浅黄色，胸部前端和后端绒毛为淡黄色，中段为黑色；腹部绒毛前端为白色，中间为黑色，末端为橙黄色。虫卵呈淡黄白色，带有光泽，长圆形，一端有柄。成熟幼虫（第3期）体粗壮，色泽随虫体成熟由淡黄、黄褐变为棕褐色。虫体长28 mm，分11节，背面较平，体表有许多结节和小刺，最后两节背腹均无刺，口器前端较尖，无口钩，虫体后端较齐，有2个气门，气门板呈漏斗状。

（2）纹皮蝇。成蝇体长13 mm，胸部绒毛呈灰白或淡黄色，并具有4条黑色纵纹；腹部绒毛前端灰白色，中间黑色，末端呈黄色。第3期幼虫体长26 mm，最后一节无刺，如图5-2所示。

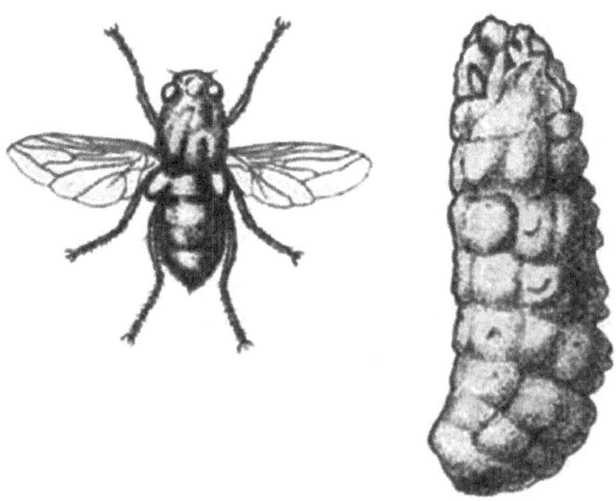

图5-2 牛皮蝇（左）及第3期幼虫（右）

（张宏伟 等，2012）

（二）流行病学

感染来源为牛皮蝇和纹皮蝇，主要流行于我国西北、东北及内蒙古地区。主要经皮肤感染，多在夏季发生感染。一条雌虫可产卵400~800枚，牛皮蝇主要在牛的四肢上部，腹部及体侧被毛上产卵，一般每根毛上黏附一枚。有时也感染马、驴及野生动物。纹皮蝇产卵主要在后肢球节附近、前胸及前腿部，每根毛上可黏附数枚至20枚。

（三）生活史

牛皮蝇和纹皮蝇属于完全变态，发育过程有虫卵、幼虫、蛹和成虫四个时期。成虫营自由生活，不叮咬动物。一般多在夏季出现，在晴朗无风的白天，雌雄交配后，雄蝇死亡，雌蝇侵袭动物产卵，产卵后死亡，成蝇仅生存5~6 d。

卵经4~7 d孵出第1期幼虫，幼虫经毛囊钻入皮下。牛皮蝇第2期幼虫沿外围神经的外膜组织移行，2个月后到椎管硬膜的脂肪组织中，在此停留5个月，然后通过椎间孔到达腰背部皮下，蜕皮变为第3期幼虫，在皮下形成指头大瘤状突起，上有0.1~0.2 mm的小孔。第3期幼虫长大成熟后，离开牛体入土中化蛹，经1~2个月羽化为成蝇。整个发育期约为1年。纹皮蝇发育也基本如此，但第2期幼虫寄生在食道壁上。

（四）临床症状

成虫虽不叮咬牛，但雌蝇飞翔产卵时会引起牛恐惧不安，影响采食和休息，日久则消瘦，尤其是牛皮蝇产卵时会突然冲向牛体，牛因惊恐而奔跑，造成跌伤或流产。

幼虫钻入皮肤，引起皮肤痛痒，精神不安。幼虫在体内移行，造成移行部组织损伤。特别是第3期幼虫在背部皮下时，引起局部结缔组织增生和皮下蜂窝组织炎，有时细菌继发感染可化脓形成瘘管，流出脓汁。幼虫钻出后皮孔愈合，可形成瘢痕，瘢痕会影响皮革价值。此外，还会导致患畜消瘦，肉质降低，乳牛产乳量下降。当幼虫破裂时，可发生变态反应，出现流汗，乳房及阴门水肿，气喘、腹泻、口吐白沫等病状，重者死亡。个别幼虫误入延脑或在大脑处寄生，可引起神经病状，甚至死亡。

（五）诊断

根据临床症状和流行病学进行综合诊断。幼虫出现于背部皮下时，易于诊断。在牛背部皮肤上可触诊到隆起，上有小孔，用力挤压，挤出虫体即可确诊。夏秋季节被毛上存在虫卵，牛皮蝇为单个附着于被毛上；纹皮蝇卵成排附着，可作为诊断的参考。

（六）治疗

蝇毒磷：用4%的溶液，0.3 mL/kg体重肌内注射。皮蝇磷：8%的溶液，0.33 mL/kg体重，浇注。倍硫磷：4~7 mg/kg体重，臀部肌内注射，该剂量相当于每头成牛1.5~2.0 mL、育成牛1.0~1.5 mL、犊牛0.5~1.0 mL倍硫磷原液。或用20%的乳油背部浇注，体重200 kg以上的使用剂量为12 mL。伊维菌素、阿维菌素：按0.2 mg/kg一次口服。

（七）防治

消灭牛体内的幼虫有重要意义，可以减少幼虫的危害，防止其化蛹而发育为成蝇。可以用药液沿背线浇注。在流行地区，浇注可在4—11月进行，因幼虫在12月至翌年3月位于食道或脊椎，幼虫在该处死亡后可引起局部严重反应，故此期间不宜用药。

二、羊鼻蝇蚴虫病

羊鼻蝇蚴虫病又称羊鼻蝇蛆病。是由鼻蝇科鼻蝇属的羊鼻蝇幼虫寄生于羊的鼻腔及其附近的腔窦中引起的疾病。主要危害绵羊，其次为山羊，有时亦可感染鹿和人。

（一）病原体

羊鼻蝇，又称为羊狂蝇。成虫体长10~12 mm，淡灰色，略带金属光泽，头大呈黄色，两复眼小且相距较远，口器退化，翅透明。胸部灰黄色，有4条不明显的黑色纵纹。腹部有银灰色与黑绿色斑点。第3期幼虫体长30 mm，前端尖，有2个黑色口钩，腹面扁平，上有多排小刺。背面隆起无刺，成熟后各节上具有深褐色横斑。虫体后端平齐，其上有2个气门板，如图5-3所示。

图5-3　羊鼻蝇（左）及其第3期幼虫（右）

（张宏伟 等，2012）

（二）流行病学

感染来源为羊鼻蝇。主要经鼻孔感染。在我国西北、内蒙古、华北和东北地区较为多见。

（三）生活史

成蝇每年温暖季节出现，尤以夏季为多，成蝇营自由生活，不采食，交配后雄蝇死亡。雌蝇在晴朗无风天气中飞翔，突然冲向羊鼻孔，将幼虫产于鼻孔，一次产幼虫20~40个，然后立即飞走，数天内产幼虫500~600个。幼虫迅即爬入鼻腔并向深部移行，在鼻腔、副鼻窦内经2次蜕皮变为第3期幼虫。第3期幼虫由鼻腔深部向浅部移行。随喷嚏落到地面，钻入土中化为蛹，1~2个月羽化为成蝇，成蝇寿命为2~3周。在北方每年仅繁殖一代，而在温暖地区，则每年可繁殖两代。

（四）临床症状

成虫侵袭羊群产幼虫时，羊群骚动惊慌不安，互相拥挤，频频摇头，低头奔跑，或将鼻孔抵于地面，或将头藏于其他羊腹下或腿间，严重干扰羊的采食和休息。

当幼虫进入鼻腔后，以体表小刺和口钩刺激损伤鼻黏膜，引起发炎和肿胀，引起浆液性、化脓性鼻炎或副鼻窦炎或出血，鼻液干涸形成鼻痂，堵塞鼻孔，造成呼吸困难。病羊表现出打喷嚏、摇头、磨脸、眼睑浮肿、流泪、食欲不佳、日渐消瘦等现象。数月后病状逐渐减轻，但到第3期幼虫时，虫体增大变硬，并向鼻孔移行，病症又有所加剧。个别幼虫可进入颅腔损伤脑膜而引起神经病状，病羊表现为运动失调，出现旋转运动，即“假性回旋症”，最终可死亡。

（五）诊断

根据发病季节、病状和死后剖检见到幼虫可确诊。早期诊断可用药液喷入鼻腔，收集鼻腔喷出物，发现死亡幼虫可以确诊。出现神经症状时，应与羊多头蚴和莫尼茨绦虫病加以区别。

（六）治疗

早期化学预防可杀死第1期幼虫，根据当地气候条件决定用药时间，一般在9—11月进行。

鼻腔内注射药液，可使用0.1%~0.2%的辛硫磷，0.03%~0.04%的巴胺磷，0.012%的氯氰菊酯水乳液，羊每侧鼻孔各10~15 mL，用注射器分别向内喷射，两侧喷药间隔10~15 min，对杀灭羊鼻蝇蛐虫的早期幼虫有效。

氯硝柳胺：5 mg/kg体重，口服，或2.5 mg皮下注射，可杀死各期幼虫。

三、马胃蝇蛐虫病

马胃蝇蛐虫病又称马胃蝇蛆病，是由双翅目胃蝇科胃蝇属的各种马胃蝇幼虫寄生于马属动物的胃肠道内所引起的寄生虫病。

（一）病原体

我国常见的马胃蝇有4种，即肠胃蝇、红尾胃蝇、鼻胃蝇和兽胃蝇。马胃蝇成虫自由生活，形似蜂，全身密布有茸毛。口器退化，两复眼小而远离。触角小，翅透明，有褐色斑纹或呈不透明的烟雾色。雌蝇尾部有较长的产卵管，并向腹下弯曲，雄蝇尾端钝圆。蝇卵呈浅黄色或黑色，前端有一斜的卵盖。第3期幼虫呈柱状，颜色呈红色、红黄色或黄色。前端较尖，有1对坚硬的口前钩，虫体由11节构成，每节前缘有1列或2列刺。末端较齐平，有1对后气门。

（二）流行病学

本病主要发生于马属动物，偶尔感染犬、兔、猪和人。在养马地区较流行，干旱、炎热的气候、饲养管理不好及马匹消瘦等因素容易导致发病。成蝇活动的季节多在5—9月，在8—9月最旺盛。

（三）生活史

马胃蝇的发育包括卵、幼虫、蛹和成虫4个阶段，属完全变态，成蝇营自由生活，每年完成1个生活周期。肠胃蝇成虫在自然界交配后，雄虫死亡，雌虫产卵于马的被毛上。卵经5~10 d孵化为第1期幼虫，幼虫逸出，在皮肤上爬行，引起痒感，马啃咬时被食入。第1期幼虫在口腔黏膜下或舌的表面组织内寄生3~4周，经一次蜕化变为第2期幼虫，移入胃内，以口前钩固着在胃和十二指肠黏膜上寄生，再次蜕化变为第3期幼虫。到翌年春季幼虫发育成熟，自动脱离胃壁随粪便排出体外，落到土中化为蛹，经1~2个月羽化为成蝇。其他胃蝇发育与此相似。

各种马胃蝇成虫产卵的部位各异。肠胃蝇产卵于前肢球节及前肢上部、肩胛等处；红尾胃蝇产卵于口唇周围和颊部；鼻胃蝇产卵于下颌间隙；兽胃蝇产卵于地面植物叶上。

（四）临诊症状

马胃蝇第1期幼虫以口前钩损伤口腔和舌黏膜，引起炎性水肿，甚至溃疡。病马表现为咀嚼、吞咽困难，咳嗽、流涎、打喷嚏。幼虫移行至胃及十二指肠后，由于损伤胃黏膜和吸食血液，会引起胃壁水肿、发炎和溃疡，胃运动和消化机能障碍，出现慢性胃肠炎、出血性胃肠炎等，表现为食欲减退、消化不良、贫血、消瘦、腹痛等，甚至逐渐衰竭死亡。如寄生于直肠则表现为排粪频繁或努责，幼虫刺激肛门，病马摩擦尾部，引起尾根和肛门部擦伤和炎症。

（五）病理变化

病马胃黏膜被幼虫叮咬后，叮咬部位呈火山口状。后期可能会引起胃穿孔和较大血管损伤及继发细菌感染。

（六）诊断

本病症状主要以消化紊乱和消瘦为主，应结合流行特点做出初步诊断。夏季可检查马体被毛上有无马胃蝇卵。检查口腔及咽部有无第1期幼虫或粪便中有无第3期幼虫，必要时可用药物进行诊断性驱虫；尸体剖检时可在胃、十二指肠或喉头等处找到幼虫。

（七）治疗

二硫化碳，成年马20 mL，2岁内幼驹9 mL，分早、中、晚3次给药，每次1/3，用胶囊或胃管投服。投药前2 h停喂，投药后最好停止使役3 d，本药能驱除全部幼虫。孕马、病马、虚弱马忌用。

四、其他昆虫病

（一）虱

虱属于虱目和食毛目，是哺乳动物和禽、鸟类体表的永久性寄生虫，常有严格的宿主特异性。

1. 病原体

虱体扁平，分头、胸、腹，无眼，胸部有3对粗短足。主要有以下几种。

血虱（图5-4）。背腹扁平，体长1~5 mm，头部较胸部窄，呈圆锥形；触角短，由3~5节组成；口器为刺吸式。

主要有虱目血虱科血虱属的猪血虱、牛血虱、水牛血虱、马血虱和颚虱科颚虱属的牛颚虱、绵羊颚虱等。

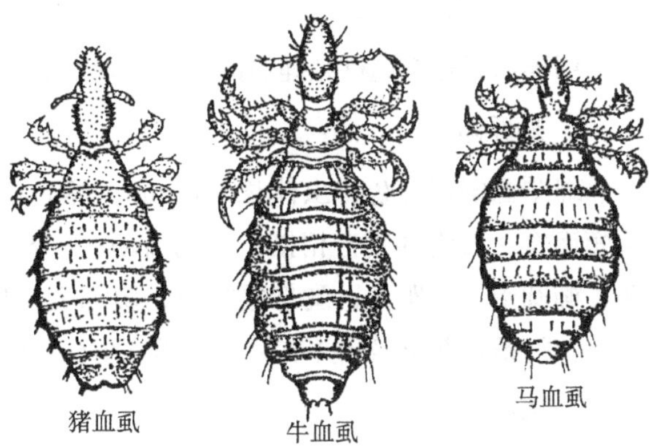

图5-4　血虱

（张宏伟 等，2012）

毛虱。体长0.5~5.0 mm，头比胸宽，触角3节，口器为咀嚼式，以啮食毛、皮屑为主。主要有食毛目毛虱科毛虱属的牛毛虱、绵羊毛虱、山羊毛虱和马毛虱。

羽虱（图5-5）。体长0.5~1.0 mm，体形扁而宽或细长形。头比胸宽，触角3~5节，口器为咀嚼式。主要有食毛目长角羽虱科长角羽虱属的广幅长羽虱、鸡圆羽虱属的鸡圆羽虱、禽羽虱科羽虱属的鸡羽虱等。

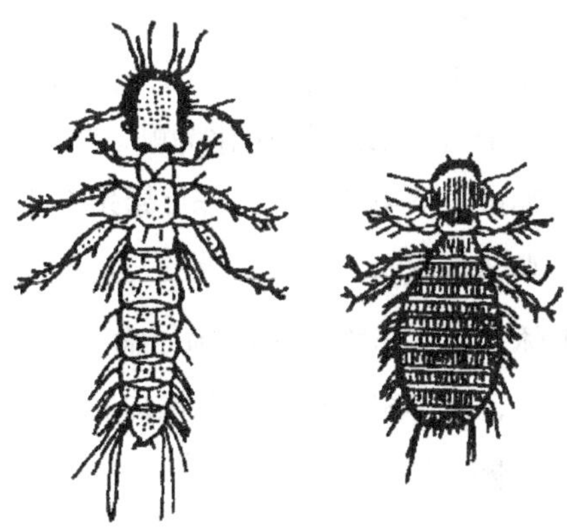

图5-5　羽虱

（张宏伟 等，2012）

2. 生活史

发育属于不完全变态，包括卵、若虫和成虫3个阶段。交配后2~3 d雌虱产卵于动物体表，一般约2周，卵内孵出若虫，若虫经3次蜕皮变为成虫，整个发育期约为1个月。

3. 临床症状

血虱吸血，毛虱和羽虱以绒毛、羽毛及皮屑为食。采食时引起动物皮肤发痒，骚动不安，影响采食和休息。动物脱毛，消瘦，食欲不佳，生产力下降，幼年动物发育不良。

4. 诊断

在动物体表发现虱体可确诊。

5. 治疗

各种大、中动物可用0.1%的敌百虫水溶液300 mg/L，林丹液300 mg/L，二嗪农250 mg/L，溴氰菊酯喷洒或药浴；家禽可用拟除虫菊酯类喷洒，也可用马拉硫磷沙浴。

6. 防治

加强饲养管理卫生，栏舍保持清洁干燥，光线充足，饲养密度适宜。定期检查，发现虱病及时治疗。

（二）绵羊虱蝇

绵羊虱蝇是虱蝇科虱蝇属的绵羊虱蝇寄生于绵羊体表的无翅昆虫，有时也寄生于山羊。

1. 病原体

绵羊虱蝇灰棕色，虫体长4~6 mm，体表革质，密被细毛；头短而宽，与胸部紧密相接，不能活动；口器为刺吸式；复眼小，椭圆形，间距大；胸部暗褐色，腹部大，呈卵圆形，淡灰褐色；每条腿都很强壮并有锐利的爪（图5-6）。

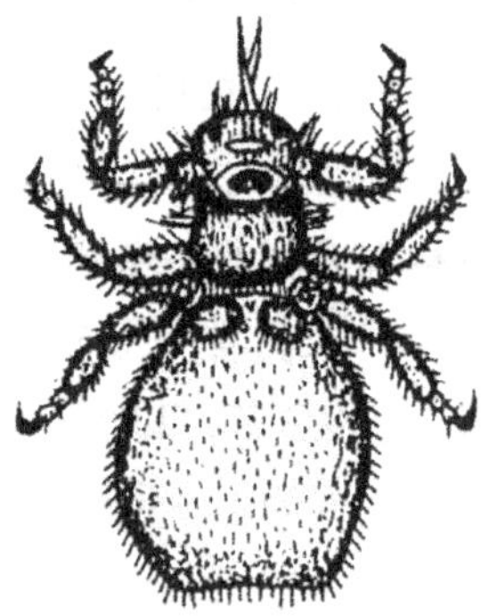

图5-6　绵羊虱蝇

（张宏伟 等，2012）

2. 流行病学

主要通过直接接触和间接接触传播。主要感染绵羊，有时山羊也能感染。本病主要分布在西北和东北地区。

3. 生活史

虫体寄生于绵羊体表，属永久性寄生虫。雌雄交配后，10 d后产出幼虫，雌蝇一生可产幼虫5~15个，幼虫迅速化为蛹。蛹呈棕红色，卵圆形，长3~4 mm，经2~4周发育成成虫。雌蝇可生活4~5个月，一年繁殖6~10个世代。成蝇如离开绵羊体，只能短期生活。

4. 临床症状

虫体主要寄生在绵羊的颈、胸、腹、肩等部位，吸食血液，严重感染时引起剧痒，瘦弱，贫血，病羊相互啃咬或摩擦皮肤，造成被毛脱落和外伤。侵害羔羊严重并可引起死亡。

5. 诊断

根据典型症状和寄生部位发现虫体即可确诊。

6. 防治

治疗药物和方法可参照蜱和疥螨病，剪毛是有效的防治措施。

材料准备

一、标本

（1）牛皮蝇、纹皮绳、羊狂蝇、马胃蝇、马鼻狂蝇等成虫的针插标本及其他发育阶段的标本和切片标本。

（2）虱和蚤的浸渍标本和切片标本。

（3）严重感染牛皮蝇蛆病、羊狂蝇蛆病、马胃蝇蛆病、马鼻蝇蛆病的病理标本。

二、挂图

（1）牛皮蝇、羊狂蝇、马胃蝇各发育阶段的形态图。

（2）血虱、毛虱和蠕形蚤的形态图。

工具准备

显微镜、体视显微镜、手持放大镜、标本针、眼科弯头镊子、培养皿、尺子、多媒体、幻灯机、显微镜投影仪（电视机、投影显微镜）等。

人员准备

任务角色	任务内容
组长：	任务：
组员：	任务：

任务实施

步骤一：对比观察牛皮蝇、羊狂蝇、马胃蝇各发育阶段（成虫及蛆）的形态特征。

步骤二：通过直接观察法和显微镜下直接观察法掌握上述病原种属间的鉴别依据。

步骤三：通过观察法了解血虱、毛虱和蚤的形态特征。

步骤四：任务总结。

任务检测

任务三 常见昆虫媒介形态观察

任务导入

昆虫媒介在动物寄生虫的传播中起着非常重要的桥梁作用，许多寄生虫需要借助昆虫媒介才能传播到宿主动物身上。了解昆虫媒介的生命周期和传播途径对疾病预防和控制非常重要，本任务以吸血昆虫病为例。

任务工单

班级______________ 姓名________________ 学号______________

<table>
<tr><td>任务名称</td><td colspan="4">常见昆虫媒介形态观察</td></tr>
<tr><td>任务描述</td><td colspan="4">任务内容：
观察常见昆虫形态结构特征；了解昆虫生活习性。
任务目的：
1. 了解蚊、蝇、虻、蠓、蚋及白蛉等昆虫的形态特征；
2. 通过对媒介昆虫形态的观察，熟悉昆虫的一般形态构造；
3. 掌握昆虫标本的采集与制作方法。
任务流程：
1. 多媒体观察；
2. 针插标本、浸渍标本、切片标本和病理标本观察；
3. 肉眼观察或体式显微镜观察。
任务方法：
1. 直接检查法；
2. 显微镜下直接检查法；
3. 对比检查法。</td></tr>
<tr><td>获取信息</td><td colspan="4">要完成任务，需要掌握相关的知识。请收集资料，回答以下问题。
1. 常见的昆虫媒介有哪些？
2. 昆虫标本的采集及制作方法有哪些？
3. 常见昆虫媒介的形态特征有哪些？</td></tr>
<tr><td>制订计划</td><td colspan="4"></td></tr>
<tr><td rowspan="4">任务实施</td><td colspan="4">按照预先制订的工作计划，完成本任务，并记录任务实施过程。</td></tr>
<tr><td>序号</td><td>完成的任务</td><td>遇到的问题</td><td>解决的办法</td></tr>
<tr><td></td><td></td><td></td><td></td></tr>
<tr><td></td><td></td><td></td><td></td></tr>
</table>

任务准备

知识准备

一、病原体

吸血昆虫是指双翅目的一大类昆虫，包括虻科、蚊科、蠓科、蚋科等。

（一）虻科

虻的种类很多，一般形态皆相似。体长10~25 mm，颜色不一，呈黄、黑或灰黑色。头部多呈三角形，大部分被复眼所占，有类似镰状分节的触角，口器为刮舐式。胸部由3节组成，宽阔粗厚。腹部呈椭圆形，从背可看见7节，从腹面看可见6节。翅上有各种不同斑纹或斑点。常出现在炎热的夏天。雄虫以植物的液汁或花蜜等为食物，雌虫以吸血为生。发育属完全变态，包括卵、幼虫、蛹和成虫4个阶段。雌虫产卵于植物的茎叶上，一个雌虫能产300~1 000个卵，卵经3~8 d孵出幼虫。幼虫生活于潮湿地带或水中，于晚秋或次年春爬至土里变蛹，再经羽化后变为成虫。

（二）蚊科

体狭长，5~9 mm，头部略呈球形，有1对复眼；1对细长的触角；头下方有1个细长的喙，口器为刺吸式。腹细长有8节，后两节衍生为生殖器。雌蚊吸血，雄蚊不吸血。发育属完全变态，分为卵、幼虫、蛹及成虫4个阶段。雌蚊吸血后产卵，每次产数十至数百个于水中，4~8 d孵出幼虫，呼吸时浮出水面，经3次蜕化变为蛹，1~3 d羽化为成蚊。

（三）蠓科

微小黑色虫体，1~3 mm，头部近似于球形，有1对复眼；口器为刺吸式；触角细长，由13~15节组成；胸部稍隆起，翅短而宽且末端钝圆，多具有翅斑；足有3对，中足较长，后足较粗；腹部有10节，各节上均有毛；雌性尾端有一对圆形尾铗，雄性尾端外生殖器明显。

蠓属于完全变态，种不同选择的产卵环境不同，交配时有群舞现象。多存在于缓流的溪沟、稻田和粪便等。雌蠓吸血后2周左右产卵，每次产50~150个，经3~6 d孵出幼虫。幼虫生活于水中或潮湿的堆肥中，经3~5周至5个月化为蛹，一般3~5 d羽化为成虫。在无风温暖的晴天，多在近水的田野成群活动，以日出前和日落后常见，交配后寻找人和动物吸血。成蠓寿命1个月左右，每年可繁殖2代，以第4龄幼虫或卵越冬。

（四）蚋科

蚋科是一种小型吸血昆虫，黑色、粗短、背驼、翅宽；成蚋体长2~5 mm；头部半球形，复眼发达，触角短，由9~11节组成；口器为刺吸式；胸背隆起，1对翅，宽阔透明；足短粗；腹部有11节，最后1~3节转化为外生殖器。

雌蚋吸血，雄蚋不吸血，属于完全变态。成蚋生活在陆地，交配后雌蚋在水中产卵，卵沉于水底，经4~12 d孵出幼虫，经3~10周、5~6次蜕化而成熟，而后化蛹，经2~10 d羽化为成虫。雌蚋寿命1~2个月，雄蚋1周左右。蚋以卵或幼虫方式越冬。

二、致病作用和临床症状

当雌虫刺螫牲畜吸血的同时，将含毒的唾液注入伤口，使牲畜出现局部肿胀、痛痒等症状。虻多侵袭马、牛的胸部、腹部及四肢的内侧，而少侵袭犬、羊和猪。牲畜被侵害时，表现出不安，不能充分采食，因而引起消瘦和泌乳量降低。同时，虻还常作为炭疽、锥虫及其他病原体的传播者。

三、防治

主要是采用化学药物杀虫。如菊酯、生物菊酯、苄菊酯、有机磷类及其他杀虫剂。

材料准备

一、挂图

（1）昆虫构造模式图。

（2）蚊、蝇、虻及蠓等昆虫的形态图。

二、标本

（1）蚊、蝇、虻、蠓及白蛉等昆虫的针插标本、浸渍标本和制片标本等。

（2）各种虻的针插标本。

工具准备

显微镜、体视显微镜、手持放大镜、标本针、眼科弯头镊子、培养皿、尺子、多媒体、幻灯机、显微镜投影仪（电视机、投影显微镜）等。

人员准备

任务角色	任务内容
组长：	任务：
组员：	任务：

任务实施

步骤一：对比观察蚊、蝇、虻蠓、蚋及白蛉等昆虫的针插标本、浸渍标本和制片标本。

步骤二：通过直接观察法和显微镜下直接观察法掌握上述病原种属间的鉴别依据。

步骤三：取各种虻的针插标本，观察其形态构造特点。

步骤四：任务总结。

任务检测

任务四 动物常见外寄生虫病药浴防治

任务导入

动物药浴是指将药物添加到动物的浴盆中，让动物在药物溶液中浸泡或洗澡，以达到疾病预防和治疗的目的。动物药浴在预防和治疗动物寄生虫病、促进伤口愈合、改善动物生活质量、提升养殖和宠物护理标准方面具有重要的意义。根据实验动物羊的体外寄生虫病流行病学调查结果，进行药浴。

任务工单

班级______________ 姓名________________ 学号_____________

<table>
<tr><td>任务名称</td><td colspan="4">动物常见外寄生虫病药浴防治</td></tr>
<tr><td>任务描述</td><td colspan="4">任务内容：根据前期流行病学调查，进行动物药浴。
任务目的：
1. 明确动物药浴的目的和意义；
2. 熟悉药浴的基本实施过程；
3. 了解药浴中需注意的问题。
任务流程：
1. 药浴前准备；
2. 药浴液的配置和浴池的选择；
3. 药浴；
4. 药浴后注意事项。
任务方法：
1. 根据实际情况先做出药浴计划；
2. 进行药浴；
3. 总结药浴注意事项及心得。</td></tr>
<tr><td>获取信息</td><td colspan="4">要完成任务，需要掌握相关的知识。请收集资料，回答以下问题。
1. 动物进行药浴的目的和意义是什么？
2. 羊药浴的注意事项有哪些？
3. 常见的药浴的剂型有哪些？</td></tr>
<tr><td>制订计划</td><td colspan="4"></td></tr>
<tr><td rowspan="4">任务实施</td><td colspan="4">按照预先制订的工作计划，完成本任务，并记录任务实施过程。</td></tr>
<tr><td>序号</td><td>完成的任务</td><td>遇到的问题</td><td>解决的办法</td></tr>
<tr><td></td><td></td><td></td><td></td></tr>
<tr><td></td><td></td><td></td><td></td></tr>
</table>

任务准备

知识准备

一、药浴的目的和意义

畜禽的体表常常寄生着一些外寄生虫，有的直接引起疾病，如疥癣虫（螨）为家畜疥癣病（螨病）的病原；有的吸血，骚扰家畜，影响动物的采食、饮水和休息；有的是家畜传染病和寄生虫病的传播者（媒介），如蜱可传播梨形虫病、螺旋体病、布氏杆菌病等，对动物有很大的危害。因此，为了保证畜牧业不断发展，保障牲畜健康，用一些有效的方法控制这些有害的外寄生虫感染，是兽医工作者一项极其重要的任务。动物的药浴或药淋就是用药液给动物洗澡或进行喷淋，一般是针对动物的螨病而采取的一项防治措施。在某些地区和条件下，药浴仍是一种重要的防治外寄生虫感染的方法。

二、药浴的实施过程

在北方地区，每年药浴的时间都是在动物剪毛（一般在剪毛后7 d后15 d以内）或温暖的季节进行。药浴和驱虫一样，首先要做到有的放矢，事前做好流行病学调查，对当地需进行药浴的家畜螨病病原及其他外寄生虫感染情况做到心中有数。药浴时需要注意选择晴朗无风之日的上午，以羊为例，药浴前对羊进行检查，病羊、身上有伤的羊及妊娠2个月以上的羊不能药浴。药浴前8 h应停止放牧和饲喂，入浴前2~3 h让羊饮足水，以防羊口渴误饮药液，为防止羊中毒，大群羊药浴时，先用体质较差的两三只羊进行试浴，确定药液安全后，再按计划组织药浴。公羊、母羊和大羔羊要分别入浴，以免相互碰撞而发生意外。浴后要注意观察，羔羊因毛较长，药液在毛丛中存留时间长，药浴后2~3 d仍可发生中毒现象，发现中毒要立即抢救；哺乳母羊在药浴后2 h不得母仔合群，防止羔羊在哺乳时中毒。药浴结束后，药液不能随意倾倒，应清出深埋，以防动物误食中毒。

三、药浴液的配制和使用

药浴液可用0.05%双甲脒溶液、0.05%溴氰菊酯（倍特）溶液、0.05%蝇毒磷水乳液、0.025%二嗪农（螨净）溶液等。药浴液的温度一般以30~37℃为宜。每只羊药浴时所需的药浴液量不低于2.5 L。

四、杀虫药剂型

对外寄生虫具有杀灭作用的药物称为杀虫药。杀虫药按其状态或使用方式，可分为以下几种常用剂型。

（一）粉剂和片剂

粉剂和片剂是由杀虫剂和充填料或赋形剂（滑石粉、白陶土、淀粉等惰性粉）按一定比例共同混合研磨而制成的干燥粉状制剂，或经压片机压制而成的片状制剂，可用于撒布畜体和畜舍等场所或经口服用，以起到杀虫作用。

（二）可湿性粉剂

可湿性粉剂是由杀虫药、填料和润湿剂按一定比例混合，经过研磨而均匀制成的粉状制剂，加水稀释成悬浮液，可用于喷雾或药浴。

（三）油乳剂

油乳剂是指按一定配比把杀虫剂溶解在有机溶液（苯、山甲苯等）里，再加乳化剂配制而成的均匀透明油状液体制剂。使用时加水稀释即得乳剂，可作喷雾、药浴等。

（四）油膏剂

油膏剂由杀虫剂加入适量基质（凡士林、羊毛脂等）配制而成，根据气温高低，可添加适量石蜡或液体石蜡调整基质软硬度。用于畜体局部患处涂擦。

（五）缓释剂和控释剂

缓释剂系指用药后在较长时间内持续释放药物，以达到长效作用的制剂。控释剂是指药物能在预定的时间内，自动以预定速度释放，使血药浓度长时间恒定维持在有效浓度范围内的制剂。如用杀虫缓释剂浸渍而制成的耳标或颈圈可以被固定于动物的耳内侧或颈部，其中杀虫药由于蒸发而缓慢释放，发挥作用。

（六）浇泼剂和喷滴剂

浇泼剂和喷滴剂是一种透皮吸收药液。可用专门器械按规定剂量，沿动物背部浇泼或体表喷滴，药物经皮肤吸收，减轻不良反应。

（七）注射剂

注射剂是指分装于特制容器（安瓿或输液瓶）中灭菌的药液，有水溶液、脂溶液或粉末（用时配成液体）等制剂，经皮下或肌肉注射进入宿主体内。吸收快，作用好。

（八）饲料添加剂

有些杀虫药可用作饲料添加剂混饲，从宿主消化道吸收（内吸杀虫剂），对蝇蚴类寄生虫及吸血昆虫有防治效果。这种制剂从粪便内排出后，也能抑制或杀灭许多在粪便中产卵的蝇类幼虫和蛹。

材料准备

药浴容器（药浴槽、桶、锅等）、药浴药物（螨净、溴氰菊酯、双甲脒、巴胺磷、辛硫磷等）、兽用解毒药及各种常用药物等。

工具准备

大小量筒、温度计、水桶、木棒、脸盆、毛巾、肥皂、注射器、工作服等。

人员准备

任务角色	任务内容
组长：	任务：
组员：	任务：

任务实施

步骤一：流行病学调查，制订药浴计划。

步骤二：药浴前的准备工作。

步骤三：药浴液的配置和浴池的选择。

步骤四：药浴过程的实施。

步骤五：任务总结。

任务检测

课程思政专栏

甘于奉献，愿做畜禽平安的守护者——方先珍

方先珍，就职于河南省动物疫病预防控制中心，是哈密市的对口援疆单位，2020年4月她从河南飞到新疆，成了哈密市动物疫病预防控制中心的一位援疆干部。没来哈密之前，曾通过电话给予当地一些养殖企业业务指导，她和一些哈密同行成了未谋面的朋友，“因此来新疆也是一种情怀”。

畜牧业是哈密的支柱产业，方先珍的专业在哈密不仅用得上，而且还有许多提升空间。“我想锻炼自己，检验自己的工作能力，当然也想看看一直向往的大美新疆”，方先珍说。

就这样一半情怀、一半梦想，方先珍主动报名援疆。

方先珍初到哈密时是春天，中原早已花红柳绿，哈密却仍显得有些荒凉。从机场到哈密市区的路上，不时可见戈壁荒漠，让人生出一种“杳无人烟”的寂寞感。失落也好，寂寞也罢，她并没因此打退堂鼓，而是告诉自己，“既来之则安之，要学会适应。”

生活上的苦不足为虑，工作上的难才是真正的挑战。新疆的畜牧业以开放式放牧为主，管理粗放，牧民对疫病防控知识了解不多，再加上语言障碍，需要反复指导培训。方先珍他们想出了一个办法：承包到户，由工作人员盯着定期检查。

哈密的猪舍都是老房子改造的，没有监控，养殖户也不会采样，工作人员只好自己猫着腰钻猪圈。除了采猪的样品，猪的吃喝拉撒都要纳入监测范围。采的点越多，风险排除越全面，每次采样后，方先珍身上的猪粪味两三天都散不掉。

出身农家的方先珍自家也养猪喂羊，深知农民的不易。俗话说“家有万贯，带毛的不算”，一场疫病就可能全军覆没，将一切化为乌有，“所以我们这行也是良心活，要把百姓的事当成自家的事来干。”就这样，方先珍钻猪牛羊圈、进鸡舍，走遍了哈密市的各个牧区。在牧场，牧民们只要看见“方大夫”，心里就有了底。

方先珍发现，哈密的动物病理和寄生虫检验存在缺项，在以放牧为主的养殖模式下，环境不可控，动物更容易感染寄生虫等疾病，因此必须补齐短板。于是，她一边着手建设实验室，一边安排人员到河南培训。实验室建立完善后，为动物疫病防控临床诊断提供了信息参考。

在哈密，一年的动物疫病监测数量将近10万项（次），出具检测报告2 000多份。之前报告都是人工输入，分析归纳数据后，还要撰写报告，工作量巨大。方先珍带领团队建立了一套信息自动化系统，配备有样品采集、检测流程、监测信息、数据智慧预警等功能，检测结束后可自动生成检测报告，还能对检测数据进行分析，对疫病进行预判和预警。这套“智慧疫控”系统也让哈密走在了全疆动物疫病防控工作的前列。

方先珍还积极牵线搭桥，将3 500只河南省地方优良品种卢氏蛋鸡和经济效益较高的羊肚菌引进哈密。如今，这两个项目已成为促进农民致富增收的重要途径。她还促成三家河南省动物疫病预防控制中心与哈密市签订了技术合作协议。

方先珍充分发挥技术援疆的作用，坚持“走出去”“请进来”相结合，邀请国家级动物疫病防控专家、河南省畜牧专家来哈密市讲学和现场指导，提升了哈密市动物疫病防控和养殖业科学发展水平。先后举办了七期技术培训班，为哈密市农业农村系统培训合格技术人员300多人次。

资料来源：学习强国平台

项目六 识别原虫及原虫病

项目导读

原虫是原生动物的简称，是单细胞动物。常寄生于动物的肠道、体液、组织和细胞内。动物原虫寄生虫病能引起宿主动物种群数量激增或减少，影响整个生态系统的平衡，通过适时预防和控制动物原虫病，可以减少对生态系统的干扰，减少人与动物之间的接触和感染风险，从而维持生态平衡，保护公众健康。

知识目标

1. 掌握常见原虫的一般形态结构。
2. 掌握常见原虫的生活史和分类。
3. 掌握常见原虫各发育阶段的形态特征。
4. 掌握常见原虫病的分布及发生特点。

技能目标

1. 能进行不同原虫形态结构的鉴别。
2. 能进行常见原虫病的诊断并根据诊断结果提供相应的防治措施。
3. 能独立完成实验室原虫病的诊断。
4. 能进行动物驱虫并对驱虫效果进行评定。

素质目标

1. 通过学习，能够提高分析与解决问题的能力，能够辨别不同病例的症状和表现，并能提出合理的解决方案。

2. 通过学习，培养应对动物寄生虫病暴发和传播的危机意识，能够迅速反应和采取有效的措施进行应急处置。

3. 通过学习，能够培养团队协作精神，能够与相关专业人员、农牧户和养殖者等合作，共同开展动物寄生虫病的防控工作；提高与社会大众沟通交流的能力，能够向公众普及动物寄生虫病的相关知识，提供健康宣教服务。

思政目标

1. 传承优秀文化传统。继承和弘扬中华优秀传统文化中的尊师重道、团结合作等价值观念，在学习动物寄生虫病的过程中，注重团队合作和互助精神，提高综合素质和道德修养。

2. 激发爱国情怀和责任意识。通过更进一步了解动物寄生虫病对农牧业生产、环境保护和人民健康的影响，激发爱国情怀，提升社会责任意识，积极参与动物卫生防控工作，为国家和人民的福祉贡献力量。

3. 增强诚信意识和敬业精神。在学习和实践中，要保持严肃态度，坚持诚信原则，不造谣传谣，保持专业水平，兢兢业业做好动物寄生虫病的防控工作。

任务一　动物血液原虫病病原检查

任务导入

采集血液标本，进行涂片、染色、镜检是研究动物寄生虫病原虫病最基础的工作，也是最基本的技能。在动物牧场中采集动物血液样品，制作相应涂片并染色进行镜检。

任务工单

班级＿＿＿＿＿＿　姓名＿＿＿＿＿＿　学号＿＿＿＿＿＿

<table>
<tr><td>任务名称</td><td colspan="4">动物血液原虫病病原检查</td></tr>
<tr><td>任务描述</td><td colspan="4">任务内容：
采集动物血液样本，涂片、染色及镜检。
任务目的：
1. 认识各种常见血液原虫病病原一般形态特征；
2. 掌握血液原虫病病料的采集方法；
3. 掌握常见血液原虫病的诊断方法。
任务流程：
1. 常见染色液的配置；
2. 血液涂片的制作；
3. 血液涂片的染色过程；
4. 镜检。
任务方法：
1. 薄片法（红细胞内的虫体）；
2. 厚滴法（血浆内的虫体）；
3. 显微镜下直接检查法。</td></tr>
<tr><td>获取信息</td><td colspan="4">要完成任务，需要掌握相关的知识。请收集资料，回答以下问题。
1. 常见的血液原虫病有哪些？
2. 常见的血液原虫病病原的各个阶段的形态特点是什么？
3. 常见血液原虫病的防治措施有哪些？</td></tr>
<tr><td>制订计划</td><td colspan="4"></td></tr>
<tr><td rowspan="4">任务实施</td><td colspan="4">按照预先制订的工作计划，完成本任务，并记录任务实施过程。</td></tr>
<tr><td>序号</td><td>完成的任务</td><td>遇到的问题</td><td>解决的办法</td></tr>
<tr><td></td><td></td><td></td><td></td></tr>
<tr><td></td><td></td><td></td><td></td></tr>
</table>

任务准备

知|识|准|备

一、伊氏锥虫病

伊氏锥虫病又称“苏拉病”，是由锥体科锥体属的伊氏锥虫寄生于马属动物和其他动物的血液中引起的一种寄生虫病。多发于热带和亚热带地区。主要感染马属动物、牛、水牛、骆驼；其他哺乳动物猪、犬、猫、羊、鹿、兔和某些野生动物及啮齿类也均能感染。临床特征为进行性消瘦、贫血、黄疸、高热、心肌衰竭，常伴发体表水肿和神经症状等。

（一）病原体

伊氏锥虫，虫体细长，呈弯曲的柳叶状，长18~34 μm，宽1~2 μm，前端尖，后端钝。胞核呈椭圆形，位于虫体中央。虫体后端有点状动基体和毛基体，由毛基体生出一根鞭毛，沿虫体边缘的波动膜向前延伸，最后游离出体外。

（二）流行病学

各种患病动物或带虫动物是本病的传染源，包括急性感染、隐性感染和临床治愈的病畜，特别是隐性感染和临床治愈的病畜，其血液中常保存有活泼的锥虫，它们是本病最主要的带虫宿主，如水牛、黄牛及骆驼等，有的可带虫5年之久。此外，某些食肉动物，如猫、犬、啮齿动物、猪等也可成为本病的保虫宿主。

传播途径主要经吸血昆虫（虻及厩螫）机械性传播。此外，本病还能经胎盘感染，食肉动物因采食带虫动物生肉而感染。在疫区给家畜采血或注射时，如消毒不严也可传播本病。伊氏锥虫具有广泛的宿主群，家畜中有马、骡、驴、骆驼、水牛、黄牛、山羊、绵羊、犬及猫等，其中以马、骡最为易感。发病季节和流行地区与吸血昆虫的出现时间和活动范围相一致。我国南方各省（自治区、直辖市）以夏秋季节发病最多。因此，每年7—9月流行。

（三）生活史

伊氏锥虫寄生在易感动物的血液、淋巴液和造血器官中，在体表渗透吸收营养物质，以二分裂方式繁殖。当吸血昆虫吸食病畜或带虫动物的血液时，将伊氏锥虫虫体吸入其体内，再叮咬其他动物时引起感染，伊氏锥虫为单宿主发育型。

（四）临床症状

急性病例多为不典型的稽留热（多在40℃以上）或弛张热。发热期间，呼吸急促，脉搏加快。一般在发热初期血中可检出锥虫，急性病例血液锥虫检出率与体温升高比较一致，而且有虫期长。慢性病例不规律，常见体躯下部浮肿。后期病马高度消瘦，心机能衰竭，常出现神经症状，主要表现为步态不稳，后躯麻痹、尿量减少、尿色深黄等。骡对本病的抵抗力比马稍强，驴则具有一定的抵抗力，发病多为慢性，即使体内带虫也不表现出任何临床症状，且常可自愈。

牛感染时多呈现慢性型经过，表现为精神委顿、行走无力、四肢下部、胸前部发生浮肿。母牛感染时，常见流产、死胎或泌乳量减少。

（五）诊断

在疫区根据流行病学及临床症状可做出初步诊断，确诊尚需进行实验室检查。

病原检查方法，包括全血压滴标本检查（简单易行，但虫体较少时难以检出）、血液涂片染色标本检查（可看到清晰的锥虫形态，并可做血象检查）、血液厚滴标本染色检查（具有集虫效果，可提高检出率）、集虫法（把抗凝血放在试管或毛细管内离心，镜检血清和红细胞间的白色沉淀物，可提高检出率）、动物接种试验（血液标本不能发现锥虫，其他辅助性诊断也不能确诊时，可使用本法，最常用动物为小鼠）等。

血清学检查，常用的方法有补体结合试验、间接血凝等。

（六）治疗

本病的治疗要早，用药量要足，但伊氏锥虫易产生抗药株，各虫株对各种抗锥虫药的敏感性不同，尤其对治疗后复发的病例应更换药物。

萘黄苯酰脲：又名纳加诺、拜尔205。用生理盐水配成10%的溶液静脉注射，牛每头3~5 g，骆驼每头5 g，隔1周后再注射一次。马10 mg/kg体重，极量为4 g，1个月后再注射一次。用药后个别动物有体表水肿、口炎、肛门及蹄冠糜烂、跛行、荨麻疹等不良反应，静脉注射氯化钙10 g、苯甲酸钠咖啡因5 g、葡萄糖30 g、生理盐水1 000 mL的混合液可缓解。

喹嘧胺（安锥赛）：牛3~5 mg/kg体重，马5 mg/kg体重，骆驼2 mg/kg体重，以注射用水配制成10%的水溶液，一次性皮下或肌内注射，必要时2周后再用药一次。

三氮脒（血虫净、贝尼尔）：马、牛3.5 mg/kg体重，以注射用水配成5%的溶液，深部肌内注射，每天一次，连用2~3 d；骆驼对此药敏感，不宜用。

锥灭定：马、骆驼0.5 mg/kg体重，以注射用水配成0.2%~0.5%的溶液做缓慢静脉注射；牛1 mg/kg体重，以注射用水配成1%~2%的溶液作臀部深层肌内注射。

（七）防治

疫区应在虻类出现前和冬季时对易感动物进行检查，对阳性动物进行治疗。对假定健康动物可在感染季节前进行药物预防。加强检疫，对调入的动物应隔离观察20 d，确认健康后方能合群；消灭传播媒介；注射和手术器械严格消毒。

二、巴贝斯虫病

巴贝斯虫病又称焦虫病，是由巴贝斯科巴贝斯属的巴贝斯虫，寄生于动物红细胞内引起的疾病。巴贝斯虫种类很多，可寄生于牛、羊、猪、马、犬等，有较强的宿主特异性，其中某些种亦可感染人。

（一）病原体

各种巴贝斯虫在红细胞中的形态呈多样性，有梨籽形、圆形、卵圆形、环形、阿米巴形等形态，多寄生于哺乳动物红细胞、淋巴细胞、巨噬细胞和其他细胞，其中梨籽形虫体的大小、在红细胞内的排列方式和位置等形态学特征具有种类鉴定意义。巴贝斯虫可以分为2类：长度在3 μm以上的为大型虫体，虫体大于红细胞半径，有两团染色质且位于虫体边缘，2个梨籽形虫体以其尖端成锐角相连，呈现双梨籽形；另一类长度不超过2.5 μm的为小型虫体，虫体小于红细胞半径，体内只有一团染色质，也位于虫体边缘，2个梨籽形虫体以其尖端成钝角相连，呈双梨籽形，或4个梨籽形虫体以其尖端相连，呈“十”字形。我国主要有2种巴贝斯虫。

双芽巴贝斯虫，梨籽形虫体长2.8~6.0 μm，属大型虫体，多数虫体位于红细胞中央。主要寄生于牛。

牛巴贝斯虫，梨籽形虫体长1.0~2.4 μm，属小型虫体，多数虫体位于红细胞内缘，排列为钝角相连的双梨籽形。临床上常见血红蛋白尿，故又称红尿热，主要寄生于牛。

（二）流行病学

双芽巴贝斯虫的传播媒介是微小牛蜱，以经卵传递方式在次代若虫和成虫阶段传播，幼虫阶段无传播能力，也可经胎盘垂直传播。牛巴贝斯虫在我国是微小牛蜱传播，以经卵传递方式，由次代幼虫传播，次代若虫和成虫阶段无传播能力。驽巴斯虫和马巴贝斯虫的媒介蜱有10余种，我国主要是革蜱，以经卵传递方式传递，次代幼虫、若虫和成蜱均能传播，亦有期间传播和胎盘垂直传播。

双芽巴贝斯虫和牛巴贝斯虫常混合感染。一般情况下，两岁以内的犊牛发病率高，但病状轻，死亡率低；成年牛发病率低，但病状较重，死亡率高。当地牛比良种牛和引入的牛抵抗力强。病愈牛有带虫免疫现象，但不稳定易复发。

由于蜱的种类和分布具有地区性及季节性，该病的发生和流行也随之具有明显的地区性和季节性。每年春夏秋季节均可发病，但高峰期在5—9月。动物在放牧期感染率高。

（三）生活史

巴贝斯虫需要转换两个宿主才能完成其发育，一个是哺乳动物，另一个是一定种属的蜱，巴贝斯虫必须在其体内发育传播。在哺乳动物的红细胞内以二分裂或外出芽生殖，一个母细胞可生成2个或4个子细胞。红细胞破裂后，释放出的虫体侵入新的红细胞重复上述繁殖。当含有虫体的红细胞被蜱吸食以后，虫体在蜱的消化道上皮细胞内进行裂殖生殖，产生的裂殖子移行到蜱的卵巢，经卵传递给下一代幼蜱，先后在幼蜱的肠上皮细胞和唾液腺进行裂殖生殖，最后发育为具有感染性的虫体，由蜱的幼虫、若虫或成蜱传播，称为经卵传递，这种方式最多。

另一类不经卵传递的巴贝斯虫，是在幼蜱或若蜱的肠上皮细胞内裂殖生殖，形成虫样体后，寄生于蜱的肌肉组织中，待蜱变为下一个发育阶段若蜱或成蜱时，移行至唾液腺进行裂殖生殖，产生具有感染性的虫体，这种方式称为期间传递，即在蜱的同一个世代内进行传播。当带虫蜱在哺乳动物体上吸血时，感染性虫体随蜱的唾液注入，侵入细胞进行发育。

（四）致病作用

虫体在繁殖中破坏大量的红细胞，引起贫血、黄疸和血红蛋白尿，毒性物质可使毛细血管扩张和通透性增强，发生水肿和出血，并能影响神经体液调节系统，引起发热、胃肠功能减弱及吸收和排泄能力下降。发病后期由于红细胞大量被破坏，组织缺氧，可引起组织器官机能障碍，肝肾功能紊乱，体内有毒和氧化不全产物大量蓄积而发生酸中毒。

（五）临床症状

牛的潜伏期为8~15 d，体温高至40~42 ℃，呈稽留热型。脉搏、呼吸加快，精神沉郁，喜欢卧地。食欲减退或消失，反刍迟缓或停止，便秘或腹泻，有些病牛还排出黑褐色、恶臭带黏液的粪便。乳牛泌乳减少或停止，怀孕母牛常出现流产。病牛迅速消瘦，贫血，黏膜苍白和黄染。常见发病后2~3 d出现血红蛋白尿。重症不治疗可在4~8 d内死亡。慢性病例，体温波动于4 ℃上下持续数周，病程持续数周至数月。幼年病牛，中度发热仅数日，食欲减退，略显虚弱，黏膜苍白或微黄。退热后可以康复。马的潜伏期为1~3周，病初体温稍高，随后逐渐升高至40~41 ℃，呈稽留热型，呼吸、心跳加快，恶寒战栗，皮温不整，末梢发凉，饮水量少，口腔干燥发臭。病情发展迅速，病状加重，黄疸十分明显，尿少黏稠。病程8~12 d，常因高度贫血和心力衰竭而死亡。

（六）诊断

根据流行病学、病状和血液寄生虫学检查确诊。血液寄生虫学检查方法同一般血片染色镜检法。

还可用间接荧光抗体试验和酶联免疫吸附试验等方法，主要用于带虫动物的检查和流行病学调查。另外还可用抗梨形虫药进行药物诊断。

牛巴贝斯虫病应与钩端螺旋体病区分。后者多发生于夏秋季节，幼牛患病严重，黄疸显著，皮肤有坏死灶。出血性败血症也属类症。马病则与传染性贫血相区别，血检无虫体，多发生于蚊、虻活动盛期，有温差逆转现象，马传贫琼脂扩散试验阳性。

（七）治疗

要早期治疗，同时注意对症治疗，如健胃、强心、补液等。

咪唑苯脲：按1~3 mg/kg体重，配成10%的水溶液，肌内注射，注意该药易残留。

三氮脒（贝尼尔）：3.5~3.8 mg/kg体重，配成5%~7%的水溶液，肌内注射，每天一次，连用3 d。水牛对该药敏感，一般只用药一次，不能连续使用。

硫酸喹啉脲（阿普卡林）：按0.6~1.0 mg/kg体重，配成5%的水溶液，皮下注射。个别牛有不良反应，一般于1~4 h后自行消失，严重者可皮下注射阿托品，剂量为10 mg/kg体重。怀孕母牛禁用。

锥黄素（吖啶黄）：按3~4 mg/kg体重（极量为2 g），配成0.5%~1.0%的水溶液，静脉注射，若病状未减轻，24 h后再注射一次。病牛在治疗后数日内应避免烈日照射。

（八）防治

做好灭蜱工作；实行科学放牧，在蜱流行季节，尽量不要到蜱大量滋生的地方去放牧；加强检疫，对患病动物或带虫动物进行隔离治疗。

三、牛、羊泰勒虫病

泰勒虫病是由泰勒科泰勒属的各种原虫，寄生于动物网状内皮细胞和红细胞、淋巴细胞内引起的一类疾病。主要寄生于牛、羊，其他野生动物亦可感染，发病率和死亡率高。传播媒介是血蜱属的蜱。

（一）病原体

寄生于牛的主要是环形泰勒虫和瑟氏泰勒虫；寄生于羊的是山羊泰勒虫和绵羊泰勒虫。泰勒虫在不同的发育阶段具有不同的形态。

配子体，见于红细胞内，称为血液型虫体。虫体很小，0.5~2.1 μm，具有圆环形、卵圆形、杆形、梨籽形、逗点形、圆点形、十字形、三叶形等各种形状，其中以圆环形和卵圆形虫体占多数，高峰时可达70%~80%。瑟氏泰勒虫则以杆形和梨籽形为主，高峰期可各占35%~45%。

裂殖体，见于网状内皮细胞（巨噬细胞、淋巴细胞、肝脾细胞）内进行裂殖繁殖所形成多核裂殖体（又称石榴体或柯赫氏蓝体），呈圆形、椭圆形或肾形，大小为8~27 μm。

（二）流行病学

感染来源主要是患病和带虫牛羊及带虫蜱。主要经皮肤感染。蜱对病原体的传播是期内传播，即在同一世代内下一阶段的蜱才具有传播能力，不能经卵传递。环形泰勒虫的媒介蜱主要为残缘璃眼蜱，是一种二宿主蜱，主要寄生对象为牛，它以期间传播方式传播泰勒虫，牛发病季节主要在6—8月，7月为高峰期，多发生于舍饲牛。瑟氏泰勒虫的媒介蜱是长角血蜱、二棘血蜱和青海血蜱，因传播媒介不同各地发病时间不尽相同，一般在5—10月，多见于放牧牛。羊泰勒虫的媒介蜱为青海血蜱，多发生于4—6月，5月为高峰。

不同品种和年龄的牛均有感染性，但以1~3岁牛发病较多，犊牛和成年牛多为带虫者，且带虫免疫不稳定。1~6月龄羔羊发病率高，死亡率也高，1~2岁羊次之，3~4岁羊发病较少。

（三）生活史

泰勒虫在发育中需要2个宿主，在牛羊体内进行无性繁殖，在蜱体内进行有性繁殖。感染泰勒虫的蜱在牛体内吸血时，孢子随蜱的唾液进入牛羊体内，首先侵入局部淋巴结的巨噬细胞和淋巴细胞内进行裂殖繁殖，形成大裂殖体（无性型），又破裂为许多大裂殖子，然后侵入其他巨噬细胞和淋巴细胞内，重复上述的裂殖繁殖过程。与此同时，部分大裂殖子可随淋巴和血液向动物全身散播，侵入脾、肝、肾、淋巴结、皱胃等各器官的巨噬细胞和淋巴细胞进行数代裂体增殖，形成的小裂殖体（有性型）发育成熟后破裂产生许多小裂殖子，进入红细胞变成雌性或雄性配子体（血液型虫体）。

当蜱吸食病牛羊血液时，配子体随红细胞进入蜱消化道，逸出红细胞的配子体发育为雌、雄配子，两者结合为合子，进一步发育为动合子，移行到蜱的唾液腺内进行孢子生殖，产生许多子孢子，当蜱再叮咬牛羊时，将子孢子注入牛体，重新开始在牛体内的发育和繁殖。

（四）临床症状

潜伏期为14~20 d，多数病例呈急性经过。病初体温升高至40~42 ℃，出现稽留热，少数为弛张热；精神沉郁，食欲减退；呼吸和脉搏加速，心律不齐；可视黏膜由潮红转为苍白，并轻度黄染，有时有小出血点；体表淋巴结肿大，坚硬有压痛；便秘或腹泻。3~4 d后，病状加剧，食欲废绝，反刍减少或停止，体表淋巴结肿痛明显并转软，腹泻并混有血液和黏液。后期肌肉震颤，卧地不起，衰竭而死，病程1~2周。病状缓和者，病程可达3周。瑟氏泰勒虫引起的疾病病程可长达2~3个月，病状缓和，死亡率低。山羊泰勒虫致病性强，死亡率高，而绵羊泰勒虫病死亡率低。

（五）病理变化

剖检见全身性出血，淋巴结肿大3~5倍，切面有暗红色病灶和灰白色结节；皱胃变化具有诊断意义，黏膜肿胀、充血，有针头至黄豆大暗红色或黄白色结节，坏死后形成糜烂或溃疡，边缘不整稍隆起，周围黏膜充血、出血，构成细窄的暗红色带；脾肿大，被膜有出血点；肾肿大、质软；肝肿大、质软，有灰白色或暗红色病灶。

（六）诊断

根据流行病学、病状和寄生虫学检查确诊。发病初期可作淋巴结穿刺物检查发现多核裂殖体（石榴体）；中、后期可作血液涂片发现配子体而确诊。

（七）治疗

至目前尚无特效药物，但早期应用杀虫药配合对症治疗，特别是输血疗法及加强护理可降低死亡率。

磷酸伯氨喹啉：按0.75~1.50 mg/kg体重，每天口服一剂，连服3剂。

三氮脒：按7 mg/kg体重，配成7%的水溶液，肌内注射，每天一次，连用3 d。

三氮脒与锥黄素交替使用效果较好，第1天、第3天肌内注射三氮脒3~4 mg/kg体重，第2天、第4天静脉注射锥黄素4~5 mg/kg体重。

（八）防治

药物预防，在发病季节用三氮脒预防，按3 mg/kg体重，预防期20 d。

疫苗注射，用牛泰勒虫病裂殖体胶冻细胞苗对牛进行预防注射，接种20 d产生免疫力，免疫期为1年。

灭蜱和科学放牧，灭蜱方法见蜱的防治。对环形泰勒虫病的防治要特别做好舍内灭蜱，在成蜱活动期可采取离舍放牧的方法避开蜱的侵袭。

材料准备

一、标本

伊氏锥虫、双芽巴贝斯虫、环形泰勒虫等。

二、实验动物

家禽。

三、试剂

姬姆萨染料、甘油、甲醇、香柏油等。

工具准备

生物显微镜（带油镜镜头）、载玻片、注射针头、剪刀、染色缸等。

人员准备

任务角色	任务内容
组长：	任务：
组员1：	任务：
组员2：	任务：

任务实施

步骤一：姬姆萨染色液的配制。

1. 姬姆萨染色液原液配方

姬姆萨氏染色粉0.5 g，中性纯甘油25 mL，无水中性甲醇25 mL。

2. 姬姆萨染色液原液配制过程

（1）先将姬姆萨氏染色粉置于研钵中，加少量甘油充分研磨，再加甘油再研磨，直至甘油全部加完为止。将其倒入棕色小口试剂瓶中，在研钵中加入少量甲醇以冲洗甘油染液，冲洗液仍倒入上述瓶中，再加甲醇再洗再倒入，直至25 mL甲醇全部用完为止。

（2）塞紧瓶盖，充分摇匀，而后将瓶置于65 ℃温箱中24 h或室温下3~5 d，并不时摇动，然后过滤到棕色小口试剂瓶中，即为原液。

步骤二：血涂片的制作及染色。

1. 薄片法（适合于观察红细胞内虫体，如巴贝斯虫）

（1）用消毒注射针头刺破鸡的翅下静脉或鸡冠。

（2）用干净的载玻片一端，从鸡的翅下静脉穿刺处接触血滴表面，蘸取少量血液。

（3）取一块边缘光滑的载玻片，作为推片。先将此推片的一端轻轻置于血滴的前方，然后慢慢稍向后移，触及血滴，使血液均匀分布于两玻片之间，形成一线。

（4）推片载玻片与血片载玻片呈大约45°角，缓缓地向前推进，推进过程中要把握好力度，使血液接触面散布均匀，即成薄的血片。

（5）抹片完成后，立即置于流动空气中干燥，以防血细胞皱缩或破裂，并加甲醇固定。

2. 厚滴法（适合于观察血浆内虫体，如伊氏锥虫）

（1）采用与前面同样的操作方法取血液1~2滴置于干净的载玻片上。

（2）用另一块载玻片之角，将血滴涂散至直径1 cm即可。

（3）置室温中待其自行干燥（至少1 h，否则血膜附着不牢，染色时易脱落）。

（4）染色前先将血片置于蒸馏水中，使红细胞溶解，血红蛋白脱落，血膜呈灰白色为止，再进行染色。

步骤三：血液涂片的染色过程。

（1）血片用甲醇固定2 min。

（2）将血片浸于用10份蒸馏水加1份染液稀释的染色液缸中30 min（过夜最好）。或将蒸馏水与染液按2∶1稀释，然后将染液直接滴加于血片上，染色10 min。

（3）血片取出后，用洁净的水冲洗，待干镜检。

步骤四：任务总结。

任务检测

任务二 动物球虫病病原检查

任务导入

动物球虫病是一种可以通过卵囊或感染性幼虫传播的疾病，尤其是禽类的球虫病，会给养殖业等相关行业带来严重的经济损失。通过预防控制球虫病，可以减少养殖动物的死亡和生产损失。现分组采集牧场中鸡的粪便，进行球虫病的实验室诊断。

任务工单

班级________ 姓名________ 学号________

<table>
<tr><td>任务名称</td><td colspan="4">动物球虫病病原检查</td></tr>
<tr><td>任务描述</td><td colspan="4">任务内容：
采集动物新鲜粪便，进行实验室球虫病的检测。
任务目的：
认识各种常见球虫病病原形态特征。
掌握球虫病实验室诊断方法。
任务流程：
1. 样品的采集；
2. 实验室诊断；
3. 分类鉴定病原。
任务方法：
1. 漂浮法；
2. 显微镜下直接检查法。</td></tr>
<tr><td>获取信息</td><td colspan="4">要完成任务，需要掌握相关的知识。请收集资料，回答以下问题。
1. 常见的球虫病有哪些？
2. 常见的球虫病病原的各个阶段的形态特点有哪些？
3. 常见球虫病的防治措施有哪些？</td></tr>
<tr><td>制订计划</td><td colspan="4"></td></tr>
<tr><td rowspan="6">任务实施</td><td colspan="4">按照预先制订的工作计划，完成本任务，并记录任务实施过程。</td></tr>
<tr><td>序号</td><td>完成的任务</td><td>遇到的问题</td><td>解决的办法</td></tr>
<tr><td></td><td></td><td></td><td></td></tr>
<tr><td></td><td></td><td></td><td></td></tr>
<tr><td></td><td></td><td></td><td></td></tr>
<tr><td></td><td></td><td></td><td></td></tr>
</table>

任务准备

知识准备

一、球虫分类

球虫病是艾美耳科艾美耳属和等孢属的虫体寄生于动物的细胞内所引起的疾病。球虫分布极为广泛，动物、家禽、许多鸟类和野生动物等均可感染，其中对鸡、兔、牛、羊和猪的危害最大。球虫具有严格的宿主特异性和寄生部位的选择性，不发生交叉感染。除截形艾美耳球虫寄生于鹅的肾上皮细胞外，其他已知的各种球虫均寄生于宿主消化道的某些器官和组织细胞内。

（一）病原体

球虫卵囊呈椭圆形、圆形或卵圆形，囊壁2层，有些种类在一端有微孔，或在微孔上还有突出的微孔帽（极帽），有的微孔下有1~3个极粒，卵内含有一团原生质。具有感染性的卵囊必须含有子孢子，即孢子化卵囊。根据卵囊中有无孢子囊、孢子囊的数目和每个孢子囊内含有子孢子的数目，将球虫分为不同的属。在动物医学上重要的属有以下4个。

艾美耳属：卵囊内含4个孢子囊，每个孢子囊内含有2个子孢子。

等孢属：卵囊内含2个孢子囊，每个孢子囊内含有4个子孢子。

温扬属：卵囊内含有4个孢子囊，每个孢子囊内含有4个子孢子。

泰泽属：卵囊内无孢子囊，含有8个裸露的子孢子。

（二）生活史

球虫属直接发育型，即不需要中间宿主。宿主吞食孢子化卵囊而感染，在消化液的作用下，子孢子逸出卵囊，多数种的子孢子侵入特定肠段的上皮细胞内进行裂殖生殖。经数代无性繁殖后，一部分裂殖子转化为小配子体，再分裂生成许多小配子（雄性），具有2根鞭毛，能运动；另一部分则转化为大配子（雌性）。大小配子结合为合子，发育成为卵囊。卵囊随宿主粪便排至外界，在适宜的条件下，经数小时或数日发育为孢子化卵囊，即感染性卵囊，被宿主吞食后又重复上述发育过程。裂殖生殖和配子生殖在宿主体内进行，称为内生性发育；孢子生殖是在外环境中完成的，称为外生性发育。

二、鸡球虫病

鸡球虫病是由艾美耳科艾美耳属的球虫寄生于鸡盲肠中引起的疾病。雏鸡发病率和死亡率较高。

（一）病原体

鸡球虫种类很多，目前世界公认的有7种，其中危害最大的有艾美耳属的柔嫩艾美耳球虫、毒害艾美耳球虫2种，分别寄生于盲肠和小肠中段。鸡球虫病对养鸡业危害巨大。

（二）流行病学

（1）感染来源和感染途径。病鸡、耐过鸡和带虫鸡均为感染来源，耐过鸡可持续排出卵囊达7个月之久。鸡球虫的感染途径是摄入有活力的孢子化卵囊，凡被污染的饲料、饮水、土壤或用具等，都有卵囊存在，其他动物、昆虫、野鸟、尘埃及管理人员，都可成为球虫病的机械传播者。

（2）球虫的繁殖力和抵抗力。鸡感染一个孢子化卵囊，7 d后可排出100万个卵囊。卵囊对恶劣的外界环境条件具有很强的抵抗力。温暖潮湿的场所，最有利于卵囊的发育，当气温在22~30 ℃时，一般只需18~36 h就可形成子孢子，在阴湿的土壤中可存活15~18个月。一般消毒药无效。但卵囊对高温、低温和干燥敏感，在相对湿度为21%~30%，温度18~40 ℃的环境中，经1~5 d死亡。所有日龄和品种的鸡对球虫都有易感性。球虫病一般暴发于3~6周龄的雏鸡，主要由柔嫩艾美耳球虫引起，毒害艾美耳球虫常见于8~18周龄的鸡，成年鸡多为带虫者。

（3）发病时间与气温和雨量关系密切，通常在温暖季节流行。北方多见于4—9月，7—8月为高峰期，南方及北方密闭式现代化鸡场，一年四季均可发生，但以温暖潮湿季节多发。鸡舍潮湿、拥挤、通风不良、饲料品质差，以及缺乏维生素A和维生素K，均会导致本病的发生和流行。

（4）宿主特异性。鸡球虫病是宿主特异性和寄生部位特异性都很强的寄生虫病。

（三）致病作用

球虫孢子化卵囊被宿主食入后，在消化道经十二指肠液和胰蛋白酶的作用，消化卵囊，子孢子逸出钻入肠上皮细胞进行裂体生殖，产生第1代裂殖体，成熟后连同宿主肠上皮细胞一起崩解，释放出大量裂殖子，裂殖子再进入新的肠上皮细胞进行第2代裂体生殖。这样对宿主肠上皮细胞的破坏很大，加之肠道细菌作用，易引起肠炎。崩解的上皮细胞被机体吸收，还会引起神经症状，共同症状表现为下痢，严重者出现血痢。

（四）临床症状

急性型多见于50日龄以内的雏鸡。病初表现为不饮不食，缩头闭眼，离群独立，嗉囊积液，下痢，血便；迅速消瘦、贫血、鸡冠苍白；由于自体中毒，从而引起运动失调、翅膀轻瘫等神经病状。末期昏迷或强直痉挛，死前体温下降，死亡率可达50%~80%，耐过鸡发育受阻。

慢性型多见于2月龄以上的幼鸡。病状较轻，病程可达数周至数月，表现为间歇性下痢，嗉囊积液，逐渐消瘦，足、翅轻瘫，产蛋下降，肉鸡生长缓慢，死亡率低。

（五）病理变化

出血性肠炎。急性病例多见盲肠充血肿大，黏膜出血，外观呈棕红色，如腊肠状，其内容物为血凝块与脱落上皮形成的干硬栓塞物。慢性病例多见于小肠黏膜有出血点和灰白色粟粒状结节。

（六）诊断

用漂浮法检查粪便即可发现卵囊。还可以取粪便或病变部位的刮取物少许，放在载玻片上，与甘油水溶液1~2滴调和均匀，加盖片镜检。注意成年鸡和雏鸡的带虫现象极为普遍，因此不能只从粪便和刮取物中发现卵囊就定为本病。

（七）治疗

抗球虫药对球虫生活史早期作用明显，而一旦出现严重病状并造成组织损伤，再用药往往收效甚微。因此，药物预防是关键。若在感染后96 h内给药，有时可降低鸡的死亡率。

磺胺二甲基嘧啶（SM2）：按0.1%的浓度混入饮水，连用2 d；或按0.05%的浓度混入饮水，饮用5 d，休药期为10 d。

磺胺喹恶啉（SQ）；按0.1%的浓度混入饲料，喂2~3 d，停药3 d后，用0.05%的溶液混入饲料，喂药2 d，停药3 d，再给药2 d，无休药期。

氨丙林：按0.012%~0.024%的浓度混入饮水，连用3 d，无休药期。

磺胺氯吡嗪钠（三字球虫粉）：按0.03%的浓度混入饮水，连用3 d，休药期为5 d。

磺胺二甲氧嘧啶（SDM）：按0.05%的浓度混入饮水，连用6 d，休药期为5 d。

百球清：1 L水中用百球清1 mL，在后备母鸡群可混饲或混饮3 d。

（八）防治

加强饲养管理，大、小鸡分群饲养，密度要合理，注意补充蛋白质和维生素，发现病鸡应及时隔离治疗；及时清除粪便并发酵处理；加强卫生检验管理，进入鸡场的人员、车辆和犬猫要严格控制；病死鸡要深埋处理。

采用药物预防，从雏鸡出壳后第1 d就开始使用抗球虫药物，各种抗球虫药在使用一段时间后，都会引起虫体的抗药性，甚至抗药虫株，有时对同类的其他药物也会产生抗药性。因此，必须合理使用抗球虫药。常用的抗球虫药物有：马杜拉霉素、莫能菌素、盐霉素、氯嗪苯乙氰等。

肉鸡生产常用以下方案来防止虫体产生抗药性。

使用抗球虫药物时应采用穿梭用药和轮换用药的方式。即在开始时使用一种药物，至生长期时使用另一种药物。如在1~4周龄时使用一种化学药物，4周至屠宰前使用另一种抗生素。或每隔一段时间便合理地变换使用抗球虫药。

三、兔球虫病

兔球虫病是艾美耳科艾美尔属的多种球虫寄生于兔的肝胆管上皮细胞和肠黏膜上皮细胞内引起的一种疾病。

（一）病原体

兔球虫记载的有14种，危害最大的是斯氏艾美耳球虫，寄生于肝胆管上皮细胞内，其次为大型艾美耳球虫、梨形艾美耳球虫、肠艾美耳球虫和黄色艾美耳球虫，均寄生于肠上皮细胞内。

（二）流行病学

本病是兔的一种常发病，尤以4~5月龄内的幼兔多发，3月龄最重，其感染率可达100%，死亡率可达70%。耐过的病兔长期不能康复，体重可减少12%~27%。温暖潮湿季节多发。晴雨交替、饲料骤变或单一会引起本病的暴发。仔兔主要是通过吃入母兔乳房上黏着的卵囊而感染，幼兔主要是通过饲料和饮水而感染。此外，饲养人员、工具、鼠和蝇类等昆虫均可机械地传播本病。成年兔多为带虫者。

（三）临床症状

食欲减退或废绝，精神沉郁，动作迟缓，伏卧不动；眼、鼻分泌物增多，唾液分泌增多；腹泻与便秘交替，尿频；由于肠膨胀、膀胱积尿和肝肿大而出现腹围增大，肝区疼痛；结膜苍白、黄染。后期常出现神经症状，四肢痉挛、麻痹，多因高度衰竭而死亡。病程为10余天至数周。病愈后长期生长发育不良。

病理变化：肝脏表面和实质有白色粟粒至豌豆大结节，结节内有虫体；肝硬化、萎缩；肠道扩张、肥厚、黏膜充血、有出血点。

（四）诊断

根据流行病学、病状和粪学检查确诊。粪便检查用漂浮法发现卵囊。

（五）治疗

可选用下列药物。

磺胺-6-甲氧嘧啶（SMM）：按0.1%浓度混入饲料，连用3~5 d，隔1周再用1个疗程。

磺胺二甲基嘧啶（SM2）与三甲氧苄胺嘧啶（TMP）：按5∶1混合后，以0.02%浓度混入饲料，连用3~5 d，停用1周后，再用1个疗程。

克球粉和苄喹硫酯合剂：分别以100 mg/kg和8.35 mg/kg剂量混饲。

氯苯胍：按30 mg/kg体重混入饲料，连用5 d，隔3 d再用一次。

杀球灵：按1 mg/kg浓度混入饲料，连用1~2个月，可预防本病。

(六)防治

幼兔和成兔分笼饲喂；兔舍保持干燥、清洁；加强饲养营养，适时添加药物进行预防；消灭兔场内鼠及蚊虫。

材|料|准|备

一、标本

鸡球虫、兔球虫等。

二、实验动物

家禽。

三、试剂

饱和盐水或饱和糖水或饱和硫酸镁溶液。

工|具|准|备

生物显微镜(带油镜镜头)、载玻片、离心机、盖玻片、目镜测微尺、物镜测微尺、采样袋、剪刀等。

人|员|准|备

任务角色	任务内容
组长：	任务：
组员 1：	任务：
组员 2：	任务
组员 3：	任务

任务实施

步骤一：样品采集。

步骤二：制作饱和盐水。

步骤三：卵囊的分离。

步骤四：实验室分类鉴定。

步骤五：任务总结。

任务检测

任务三 弓形虫病和住肉孢子虫病病原检查

任务导入

弓形虫病是由弓形虫科弓形虫属的龚地弓形虫寄生于动物和人有核细胞中引起的疾病。住肉孢子虫病是由住肉孢子虫科住肉孢子虫属的住肉孢子虫寄生于多种动物和人的横纹肌所引起的疾病。两者对人致病性较强，都是重要的人兽共患寄生虫病。根据上述情况，采集学院牧场实验动物粪便和血液进行实验室诊断。

任务工单

班级________　姓名________　学号________

<table>
<tr><td>任务名称</td><td colspan="4">弓形虫病和住肉孢子虫病病原检查</td></tr>
<tr><td>任务描述</td><td colspan="4">任务内容：
采集动物新鲜粪便进行实验室检测；采集动物血液样本，涂片、染色和镜检。
任务目的：
掌握弓形虫病、住肉孢子虫病病料的采集方法。
掌握弓形虫病病原各个阶段的形态特征。
掌握常见弓形虫病和住肉孢子虫病的诊断方法。
任务流程：
1. 采集新鲜粪样；
2. 饱和盐水漂浮法诊断；
3. 采集血液样品；
4. 涂片、染色、镜检；
5. 分类鉴定。
任务方法：
1. 漂浮法；
2. 直接涂片法；
3. 显微镜下直接检查法。</td></tr>
<tr><td>获取信息</td><td colspan="4">要完成任务，需要掌握相关的知识。请收集资料，回答以下问题。
1. 弓形虫病的危害有哪些？
2. 弓形虫病病原的各个阶段的形态特点有哪些？
3. 常见弓形虫病和住肉孢子虫病的防治措施有哪些？</td></tr>
<tr><td>制订计划</td><td colspan="4"></td></tr>
<tr><td rowspan="4">任务实施</td><td colspan="4">按照预先制订的工作计划，完成本任务，并记录任务实施过程。</td></tr>
<tr><td>序号</td><td>完成的任务</td><td>遇到的问题</td><td>解决的办法</td></tr>
<tr><td></td><td></td><td></td><td></td></tr>
<tr><td></td><td></td><td></td><td></td></tr>
</table>

任务准备

知识准备

一、弓形虫病

弓形虫病是由弓形虫科弓形虫属的弓形虫寄生于动物和人引起的疾病。对人致病性较强，是重要的人兽共患寄生虫病。终末宿主为猫和猫科动物。

（一）病原体

刚第弓形虫，有不同的虫株。全部发育过程中可有5种不同形态的阶段，即5种虫型。

滋养体（速殖子）呈月牙形或香蕉形，一端较尖，一端钝圆，平均大小为(4~7) μm×(2~4) μm，经姬姆萨氏或瑞氏染色后，胞浆呈淡蓝色，有颗粒，核呈深蓝色，位于钝圆一端。滋养体主要出现于急性病例的腹水中，常可见到游离于细胞外的单个虫体；在单核细胞、内皮细胞、淋巴细胞等有核细胞内，可见到正在进行内双芽增殖的虫体；有时在宿主细胞的胞浆里，许多滋养体被宿主细胞膜包绕，称为假包囊。

包囊（组织囊）见于慢性病例的脑、骨骼肌、心肌和视网膜等处。包囊由虫体自身形成，呈卵圆形，有一层较厚的囊壁，囊内的滋养体称缓殖子，可不断增殖，由数十个至数千个。包囊直径50~60 μm，并随虫体的繁殖而逐渐增大，可达100 μm。包囊在一定的条件下可破裂，缓殖子重新进入新的细胞内繁殖形成新的包囊，可长期在组织内生存。

裂殖体在终末宿主猫的小肠绒毛上皮细胞内发育增殖。成熟的裂殖体为长椭圆形，内含4~20个裂殖子，呈扇状排列。裂殖子形如新月状，前尖后钝，较滋养体小。

配子体由游离的裂殖子侵入另一个肠上皮细胞发育形成配子母细胞，进而发育为配子体。雌配子体较大，发育为雌配子；雄配子体较小，发育为雄配子，雌雄配子结合形成合子，由合子发育为卵囊。

刚从猫粪便排出的卵囊为圆形或椭圆形，大小为10~12 μm，具有两层光滑透明的囊壁，内充满均匀小颗粒。成熟的卵囊含有2个孢子囊，每个孢子囊含有4个子孢子。

（二）流行病学

1. 感染来源和感染途径

患病动物和带虫动物（包括终末宿主）均为感染来源。猫主要是食入感染弓形虫的鼠及患病或带虫动物的肉而感染，猫和猫科动物是唯一的终末宿主。草食动物主要是食入被卵囊污染的牧草和饲料而感染；其他动物和人可因食入含有各发育期的弓形虫的乳、肉和脏器，以及被卵囊污染的食物、饲料和饮水而感染。急性期动物的分泌物和排泄物均可能含有弓形虫，可污染环境而造成各种动物的感染。感染途径主要是消化道，也可通过呼吸道、损伤的皮肤和黏膜及眼等感染；经胎盘感染亦是一个重要的途径。

2. 流行概况

弓形虫的宿主极为广泛，动物年龄小、免疫状态差和营养低下者易感，动物的阳性率可达10%~50%。据血清学调查，人群抗体阳性率为25%~50%，我国为5%~20%，多属隐性感染。造成广泛流行的原因主要包括：弓形虫的多个生活史期都具有感染性；中间宿主广，可在终末宿主与中间宿主之间、中间宿主与中间宿主之间多向交叉传播；包囊可长期生存在中间宿主组织内；卵囊排出量大，且对环境抵抗力强。本病季节性不明显。

（三）生活史

中间宿主包含多种动物和人，是多宿主寄生虫。终末宿主是猫及其他猫科类动物。滋养体和包囊两型出现在中间宿主体内的有核细胞，或游离于血液和腹水中；裂殖体、配子体和卵囊只出现在终末宿主体内的小肠绒毛上皮细胞内。

弓形虫全部发育过程需要两种宿主来完成有性生殖和无性生殖阶段。在猫体内完成有性世代，故猫是弓形虫的终末宿主（同时也进行无性增殖，也兼中间宿主）；在其他动物和人体只能完成无性繁殖，这些动物和人为中间宿主。有性生殖只限于在猫科动物小肠上皮细胞内进行，称肠内期发育。无性繁殖阶段可在其他组织、细胞内进行，称肠外期发育。

中间宿主食入猫排出的卵囊或含有滋养体或包囊的病肉而感染。在肠内逸出的子孢子、滋养体和缓殖子，进入血液和淋巴循环而扩散至全身各器官组织、细胞内发育繁殖，直至细胞破裂，滋养体重新侵入新的组织、细胞，反复繁殖。在免疫功能正常的机体内，部分滋养体侵入宿主细胞后，特别是脑、眼、骨骼肌，虫体繁殖速度减慢，并形成包囊。包囊在宿主体内可存活数月、数年，甚至终生都在宿主体内。当机体免疫功能低下或长期应用免疫抑制剂时，组织内的包囊会破裂，释放出缓殖子，进入血流和其他组织细胞继续发育繁殖。包囊亦是中间宿主之间或是终末宿主之间互相传播的主要形式。

终末宿主猫吞食孢子化卵囊或中间宿主器官组织中的滋养体或包囊后，子孢子或滋养体或缓殖子侵入小肠的上皮细胞进行裂殖生殖，产生大量的裂殖子，经过数代裂殖生殖后，部分裂殖子进行配子生殖，最后产生卵囊排出外界，在适宜的条件下，经2~4 d发育为感染性卵囊。猫吞食不同发育期虫体后排出卵囊的时间不同，吞食包囊后3~10 d就能排出卵囊，而吞食滋养体或卵囊后约需20 d以上。因此，猫吃中间宿主体内的包囊是弓形虫生活史最佳途径。受感染的猫，一般每天可排出卵囊1 000万个，可持续10~20 d。

（四）临床症状

临床症状主要有急性型和慢性型。急性型病初体温升高，可达42 ℃以上，出现稽留热。食欲减退甚至废食，体温升高，呼吸急促，眼内出现浆液性或脓性分泌物，流清鼻涕。精神沉郁，嗜睡，发病后数日出现神经症状，后肢麻痹，病程2~8 d，常发生死亡。耐过后常转为慢性型。

慢性病例的病程较长，表现出厌食，逐渐消瘦，贫血，随着病情发展，可出现后肢麻痹，并导致死亡，但多数动物可耐过。对人来说，经胎盘感染可使胎儿发育异常，出现如脑积水、小脑畸形、智力缺陷和小眼球等。常引起早产或胎儿死亡。急性期常见有淋巴结肿大、脑膜脑炎、精神病、皮疹、心肌炎、肌痛、关节炎、肺炎、肠炎、肝炎等。慢性病一般无症状。

（五）病理变化

剖检可见肝脏有针尖大小至绿豆大小的黄色坏死点。肠系膜淋巴结呈索状肿胀，肠道重度充血，肠黏膜可见坏死灶。肠腔和腹腔内有大量的渗出液。

（六）诊断

弓形虫病的临诊病状、病理变化和流行病学虽有一定的特点，但仍不能以此作为确诊的依据，必须查出病原体或特异性抗体。

急性病例可用直接镜检法将肺、淋巴结和腹水做成涂片，用姬姆萨氏或瑞氏染色法染色，检查有无滋养体。也可进行动物试验，方法是将肺、肝、淋巴结等组织研碎，加入10倍生理盐水，室温下放置1 h，取其上清液0.5~1.0 mL接种于小鼠腹腔，观察是否出现病状，一周后剖杀取腹腔液镜检，阴性者需传代至少3次。

另外，血清学诊断主要有染色试验、间接血凝试验、间接免疫荧光抗体试验、酶联免疫吸附试验。目前应用PCR技术也可进行该病的诊断。

（七）治疗

至今尚无理想的特效药物，主要应用磺胺类药物，如磺胺嘧啶、磺胺-6-甲氧嘧啶、磺胺甲氧吡嗪、甲氧苄氨嘧啶等。注意在发病初期用药，否则不能抑制虫体进入组织形成包囊，结果会使动物成为带虫者。

（八）防治

主要防治措施如下：防止猫粪便污染饲料、饮水；消灭鼠类；对病死动物和流产胎儿要深埋或高温处理；加强检疫，对患病动物及时隔离治疗；禁止用生肉或未熟的肉喂猫或其他动物；防止饲养动物与猫、鼠接触；加强饲养管理，提高动物抗病能力。

二、肉孢子虫病

肉孢子虫病是肉孢子虫科肉孢子虫属的肉孢子寄生于动物和人体的横纹肌内引起的疾病。是重要的人兽共患寄生虫病。中间宿主十分广泛，有哺乳类、禽类、鸟类、爬行类和鱼类，终末宿主为食肉动物。人既可作为中间宿主也可作为终末宿主。

(一)病原体

已记载的有100种以上，寄生于家养动物的有20余种。无严格的宿主特异性，可以交叉感染。常见的主要是牛住肉孢子虫和猪住肉孢子虫，中间宿主分别是黄牛和猪，终末宿主均为人。肉孢子虫在不同发育阶段有不同的形态。

包囊（米氏囊）见于中间宿主的肌纤维之间。多呈纺锤形、圆柱形或卵圆形，乳白色。包囊壁由两层组成，内层向囊内延伸，构成很多纵隔将囊腔分成许多小室。发育成熟的包囊，小室中有许多肾形或香蕉形的滋养体（缓殖子），又称为南雷氏小体。猪体内的包囊长为0.5~5.0 mm，而牛、羊、马体内包囊长度均在6 mm以上，肉眼易见。

卵囊见于终末宿主的小肠上皮细胞内或肠内容物中。呈椭圆形，壁薄，内含2个孢子囊，每个孢子囊内有4个子孢子。

(二)生活史

中间宿主包括哺乳动物、人、鸟类、禽类和爬行动物等。终末宿主是犬等食肉动物及猪、猫和人等。

肉孢子虫发育过程中需要更换宿主。含有包囊的肌肉被终末宿主吞食后，包囊内的缓殖子逸出，侵入肠上皮细胞直接发育为大、小配子，大、小配子结合为合子后发育为卵囊，卵囊在肠壁内发育为孢子化卵囊。成熟的卵囊多自行破裂，因此随粪便排到外界的卵囊较少，多数为孢子囊。卵囊或孢子囊被中间宿主吞食后，子孢子脱囊后侵入血管进行第2次裂殖生殖，然后在血液或单核细胞内进行第3次裂殖生殖，产生的第3代裂殖子随血液侵入全身肌肉组织发育为包囊，经一个月或数月发育成熟。孢子囊和第3代裂殖子对中间宿主也具有感染性，亦可经胎盘感染胎儿。

(三)临床症状

成年动物多为隐性经过。幼年动物感染后，经20~30 d可能出现病状。犊牛表现为发热、厌食、流涎、淋巴结肿大、贫血、消瘦、尾尖脱毛，发育迟缓。羔羊与犊牛病状相似，但体温变化不明显，严重感染时可死亡。仔猪表现为精神沉郁，腹泻，发育不良，猪严重感染时（1 g膈肌约有40个以上的虫体），表现为不安，腰无力，肌肉僵硬和短时间的后肢瘫痪等病状。怀孕动物易发生流产。对动物的另一危害是胴体因大量虫体寄生，局部肌肉变性变色而不能食用，在食品卫生检验中应严格检验此种寄生虫病。

人作为中间宿主时病状不明显，少数病人发热、肌肉疼痛。人作为终末宿主时，有厌食、恶心、腹痛和腹泻病状。猫、犬等肉食动物感染后病状不明显。

(四)病理变化

剖检变化是在心肌和骨骼肌，尤其是后肢、侧腹和腰肌容易发现病变。在常见的寄生肌肉中，顺着肌肉纤维的方向可见有大量的白色包囊。显微镜下检查时可见到肌肉中有完整的包囊，也可见到包囊破裂后释放的慢殖子。注意与弓形虫区别，前者染色质少，着色不均，后者染色质多，着色均匀。

（五）诊断

生前诊断困难，可用间接血凝试验，结合病状和流行病学进行综合诊断。慢性病例死后剖检发现包囊确诊。牛最常被寄生的部位是食道肌、心肌和膈肌；猪为心肌和膈肌；绵羊为食道肌和心肌；禽为头颈部肌肉、心肌和肌胃。

（六）治疗

尚无特效药物。急性期动物可用氨丙啉、氯苯胍、伯氨喹啉。人可用磺胺嘧啶、复方新诺明和吡喹酮。

（七）防治

应加强肉品检验，带虫肉要进行无害化处理；防止猫犬粪便污染饲料和饮水；注意个人卫生，不吃生肉或未熟的肉类食品。

材料准备

一、实验动物

猪。

二、试剂

饱和盐水或饱和糖水或饱和硫酸镁溶液、95%酒精、染色液、蒸馏水等。

工具准备

生物显微镜、载玻片、浮聚管、盖玻片、烧杯、天平、金属环等。

人员准备

任务角色	任务内容
组长：	任务：
组员 1：	任务：
组员 2：	任务

任务实施

步骤一：粪便样品采集。

步骤二：制作饱和盐水。

步骤三：饱和盐水漂浮法。

步骤四：实验室分类鉴定。

步骤五：血液样品采集。

步骤六：直接涂片、染色、镜检。

步骤七：实验室分类鉴定。

步骤八：任务总结。

任务检测

任务四 动物驱虫技术及效果评定

任务导入

应用各种驱虫药剂驱杀动物体内外的寄生虫，称为药物驱虫（简称驱虫），它是防治动物寄生虫病的重要措施之一。通过驱虫，一方面能杀灭在宿主体内或体表的寄生虫，使宿主得到康复；另一方面，通过驱虫减少了寄生虫病原体向外界的散布，达到了保护和预防健康动物免受寄生虫病感染的目的。根据学院牧场实验动物羊的前期流行病学调查结果，制订驱虫计划进行驱虫，并进行效果评定。

任务工单

班级__________ 姓名__________ 学号__________

<table>
<tr><td>任务名称</td><td colspan="4">动物驱虫技术及效果评定</td></tr>
<tr><td>任务描述</td><td colspan="4">任务内容：
根据前期流行病学调查，进行动物驱虫并进行效果评定。
任务目的：
1. 明确动物驱虫的目的和意义；
2. 掌握驱虫的方法和步骤；
3. 能够进行驱虫效果的判定。
任务流程：
1. 动物分组；
2. 驱虫前检查；
3. 投药；
4. 驱虫后检查；
5. 驱虫效果判定。
任务方法：
1. 根据实际情况先制订驱虫计划；
2. 进行动物虫卵变化统计；
3. 总结驱虫注意事项及心得。</td></tr>
<tr><td>获取信息</td><td colspan="4">要完成任务，需要掌握相关的知识。请收集资料，回答以下问题。
1. 动物进行驱虫的目的和意义是什么？
2. 动物进行驱虫的注意事项有哪些？
3. 如何进行驱虫实验效果判定？</td></tr>
<tr><td>制订计划</td><td colspan="4"></td></tr>
<tr><td rowspan="3">任务实施</td><td colspan="4">按照预先制订的工作计划，完成本任务，并记录任务实施过程。</td></tr>
<tr><td>序号</td><td>完成的任务</td><td>遇到的问题</td><td>解决的办法</td></tr>
<tr><td></td><td></td><td></td><td></td></tr>
</table>

任务准备

知识准备

一、操作方法

（一）动物的分组

选择性别相同、体重相近的试验动物20头，经粪便检查自然感染线虫。将试验动物随机分成两组，每组10只，每组之间体重应大致相当。

（二）驱虫前检查

投药前1~2 d，每天逐头收集两次粪便，混匀，采用饱和盐水漂浮法检查试验动物感染数，用麦克马斯特法检查各组每头试验动物粪便中虫卵的数量，计算每克粪便中线虫虫卵的数量（eggs per gram of feces，EPG）。

（三）投药

第1组按0.3 mL/kg体重注射1%伊维菌素，第2组为对照组。

（四）驱虫后检查

（1）观察试验动物的饮食、精神和粪便状况等。

（2）用药后3~5 d，将所排出的粪便用粪兜全部收集起来，进行水洗沉淀，计算并鉴定驱出虫体的数量和种类。

（3）用药后第7 d，剖检各组中一半试验动物，收集并计算残留在试验动物体内各种线虫的数量，鉴定其种类。

（4）其他试验动物在用药15~20 d后，每天逐头收集两次粪便，混匀，采用饱和盐水漂浮法检查试验动物感染数，用麦克马斯特法检查各组每头试验动物粪便中虫卵的数量，计算每克粪便中线虫虫卵的数量（eggs per gram of feces，EPG）。

（五）驱虫效果的判定

采用虫卵减少率、虫卵消失率、精计驱虫率和粗计驱虫率几种指标来判定驱虫效果。驱虫试验的结果可按表6-1和表6-2所示处理。

虫卵减少率=［（驱虫前平均eggs per gram of feces，EPG-驱虫后平均eggs per gram of feces，EPG）÷驱虫前平均eggs per gram of feces，EPG］×100%

虫卵消失率=［（驱虫前动物感染数－驱虫后动物感染数）÷驱虫前动物感染数］×100%

精计驱虫率=［驱出虫数÷（驱出虫数+残留虫数）］×100%

粗计驱虫率={［对照动物荷虫总数－驱虫后试验动物（体）内残留活虫数］÷对照动物荷虫总数}×100%。

表6-1　试验动物粪便中虫卵变化

检查项目	伊维菌素处理组		对照组	
	驱虫前	驱虫后20 d	驱虫前	驱虫后20 d
阳性动物头数/只				
阴性动物头数/只				
克粪便虫卵数/只				
虫卵转阴率/%	\		\	
虫卵减少率/%	\		\	

注："\"为无数据

表6-2　驱出虫数与体内残留虫数

检查项目	伊维菌素处理组	对照组
驱出虫数/只		
残留虫数/只		
精计驱虫率/%		
粗计驱虫率/%		

二、实验注意事项

（一）选准驱虫时机

对于定期驱虫而言，驱虫效果的好坏与驱虫时机选择的合适与否密切相关。驱虫的具体日期，应根据各种蠕虫的发育史，尤其是在宿主体内发育至成熟的时间、感染的季节动态等来决定，如条件允许选择在成熟前驱虫最好。因为这样可以在产卵之前驱除虫体而彻底消灭病原。一般对仔猪蛔虫可于2.5~3月龄和5月龄各进行一次驱虫，对犊牛、羔羊的绦虫，应于当年开始放牧后的1个月内即进行驱虫。

（二）确定驱虫对象

（1）根据寄生虫病流行病学资料，同时结合临床症状，抽检一定数量的病畜，以了解群体中寄生虫病感染率及感染强度，随后做出决定。

（2）根据动物体质的强弱，有无其他严重疾病及怀孕与否等情况来定。一般对于有严重疾病或正处在高热期的患畜，先进行适当的处理，待好转以后再进行驱虫。对于在怀孕期间不能驱虫的孕畜，应加强管理，于适当时期补行驱虫。对多宿主寄生虫而言，所有带虫动物均应同时驱虫，如肝片吸虫寄生于牛羊，在给牛驱虫的同时，应给附近的羊进行驱虫。

（三）驱虫动物的管理

最主要的是在投药后排虫期间的管理，在排虫期间应设法控制所有动物排出的成虫、幼虫或虫卵的散布，并加以杀灭。

（1）一般应在动物驱虫后7 d内集中管理，将所排出的粪便及时清扫，利用堆积发酵的办法杀死粪便内的寄生虫。

（2）7 d后应把驱虫动物驻留过的场地彻底清扫、消毒，以消灭残留的寄生虫。

（3）在驱虫期间应加强对动物的看管和进行必要的护理，供给充足的清洁饮水，注意适当运动，如发现较重的不良反应或中毒现象应及时抢救。

（4）役畜在驱虫期间最好停止使役。

材|料|准|备

一、驱虫药品

阿维菌素、伊维菌素、阿苯达唑等；解毒药品及兽医常用的其他药品。

二、试验动物

羊。

工|具|准|备

注射器、塑料瓶、地秤、麦氏计数板、大小量筒、温度计、解剖刀、镊子、解剖针、载玻片、盖玻片、培养皿、标本瓶、显微镜、手持放大镜、脸盆、毛巾、肥皂、工作服、小标本瓶、放螨虫的试管和其他容器等。

人|员|准|备

任务角色	任务内容
组长：	任务：
组员1：	任务：
组员2：	任务
组员3：	任务

任务实施

步骤一：流行病学调查，制订驱虫计划。

步骤二：驱虫前动物分组。

步骤三：投药。

步骤四：驱虫后检查。

（1）观察驱虫动物的饮食、精神和粪便情况等。

（2）用药后3~5 d，将所排出粪便用粪兜收集起来，进行水洗沉淀，观察统计驱出虫体的数量和种类。

（3）用药后第7 d，剖检各组中一半动物，收集并计算残留在其体内的各种线虫的数量，鉴定其种类。

（4）其余动物在用药20 d后，每天逐个两次收集粪便，混匀，采用麦克马斯特法检查各组动物粪便中线虫卵的数量，计算每克粪便虫卵数（EPG）和驱虫后动物感染数。

步骤五：驱虫效果判定。

步骤六：任务总结。

任务检测

课程思政专栏

一生倾情青蒿素——屠呦呦

屠呦呦，中国中医科学院终身研究员，以“发现青蒿素，开创疟疾治疗新方法”荣获诺贝尔生理学或医学奖。这项成果，为人类带来了一种全新结构的抗疟新药，解决了长期困扰医务工作者及相关研究人员的抗疟治疗失效难题，标志着人类抗疟步入新纪元。这是中国医学界迄今为止获得的最高奖项，也是中医药成果获得的最高奖项。屠呦呦说：“青蒿素是人类征服疟疾进程中的一小步，是中国传统医药献给世界的一份礼物。”

20世纪60年代，在氯喹抗疟失效、人类饱受疟疾之害的情况下，中医研究院中药研究所研究实习员屠呦呦于1969年接受了国家疟疾防治项目“523”研究任务，并担任中药抗疟组组长，从此与中药抗疟结下了不解之缘。

由于当时的科研设备比较陈旧，科研水平也无法达到国际一流水平，不少人认为这个任务难以完成。屠呦呦却坚定地说："没有行不行，只有肯不肯坚持。"

整理中医药典籍、走访名老中医，她汇集了640余种治疗疟疾的中药单秘验方。在青蒿提取物实验药效不稳定的情况下，出自东晋葛洪《肘后备急方》中对青蒿截疟的记载——"青蒿一握，以水二升渍，绞取汁，尽服之"给了屠呦呦新的灵感。

漫长的寻药过程，是一次次的试错过程。在中草药青蒿的提取实验进行到191次时，对疟原虫抑制率达到100%的青蒿抗疟有效部位"醚中干"才终于出现。

通过改用低沸点溶剂的提取方法，富集了青蒿的抗疟组分，屠呦呦研究团队终于在1972年发现了青蒿素。据世界卫生组织不完全统计，青蒿素作为一线抗疟药物，在全世界已挽救了数百万人的生命，每年治疗患者数亿人。

在发现青蒿素后，屠呦呦继续深入研究以青蒿素为核心的抗疟药物。2019年6月，屠呦呦研究团队经过多年攻坚，在青蒿素"抗疟机理研究""抗药性成因""调整治疗手段"等方面取得新突破，提出应对"青蒿素抗药性"难题的切实可行治疗方案，并在"青蒿素治疗红斑狼疮等适应症""传统中医药科研论著走出去"等方面取得新进展，获得世界卫生组织和国内外权威专家的高度认可。

2000年以来，青蒿素类药物作为首选抗疟药物在全球推广。2014年，全球青蒿素类药物采购量达到3.37亿人份。屠呦呦说："中国医药学是一个伟大宝库，青蒿素正是从这一宝库中发掘出来的。未来我们要把青蒿素研发做透，把论文变成药，让药治得了病，让青蒿素更好地造福人类。"

资料来源：学习强国平台

参考文献

路燕，郝菊秋，2017. 动物寄生虫病防治［M］. 2版. 北京：轻工业出版社.
秦建华，李国清，2015. 动物寄生虫病学实验教程［M］. 2版. 北京：中国农业大学出版社.
汪明，2003. 兽医寄生虫学［M］. 3版. 北京：中国农业大学出版社.
魏冬霞，2022. 动物寄生虫病［M］. 4版. 北京：中国农业出版社.
魏冬霞，张宏伟，2019. 动物寄生虫病［M］. 3版. 北京：中国农业出版社.
杨永宁，张春霞，2024. 动物寄生虫病［M］. 北京：北京理工大学出版社.
张宏伟，董永森，2009. 动物疫病［M］. 3版. 北京：中国农业出版社.
张宏伟，匡存林，2012. 动物寄生虫病［M］. 2版. 北京：中国农业出版社.
张宏伟，杨廷桂，2006. 动物寄生虫病［M］. 北京：中国农业出版社.
张渊，2014. 动物寄生虫病防治技术［M］. 北京：中国农业出版社.